中・小型水槽で楽しむ

アクアリウム

千田義洋
YOSHIHIRO SENDA

AQUARIUM

日本文芸社

水草と魚で織りなす
鮮やかで小さな大自然

HOW TO MAKE
p088

水槽という額縁に
思い思いの絵を描く

HOW TO MAKE → p078

小型水槽にも
アクアリウムの魅力は
つまっている

HOW TO MAKE → p030

HOW TO MAKE → p040

HOW TO MAKE ——> p070

HOW TO MAKE → p052

HOW TO MAKE → p102

アクアリウムの
楽しみ方は
バラエティ豊か

HOW TO MAKE → p098

PART 1
アクアリウムの基本

PART 2
小型水槽のレイアウト

Contents

PART 3
中・大型水槽のレイアウト

PART 4
もっと楽しむアクアリウム

PART 5
アクアリウム水草&生体図鑑

Contents

PART 6
アクアリウムのコツとポイント

PART 1

アクアリウムの基本

AQUARIUM

STEP 1

水槽やフィルター、ヒーターなど

水槽設置に必要な機材

最低限必要な機材について まずはおさえておこう

熱帯魚や水草が楽しめる水槽を設置したいときは、まず水槽のサイズ選びからはじまるはずだ。それが決まったら、熱帯魚や水草の飼育を助けてくれる機材も揃えよう。水質管理のためのろ過器やヒーターや照明など、当面必要なこれらのアイテムは入手しておきたい。

1 水槽のサイズを選ぶ

サイズ選びは飼育内容と置きたい場所に合わせる

まず、どんな種類の魚を飼育したいか、水草中心か、などを決めると必要なサイズがわかってくる。次に、置きたい場所からサイズを割り出す。慣れないうちは水換えやメンテナンスに手間取るので、水場が近い場所や作業しやすい場所への設置が無難。希望する飼育内容と設置場所から考えよう。

40cm 以下の小型水槽は、キッチンカウンターや洗面所など狭い場所でもOK。気軽に楽しめるのが魅力だ。

自分の部屋や寝室、仕事スペースなどにも置けるコンパクトサイズながら、しっかりとした水景も楽しめる。

最も平均的なサイズ。ろ過器やヒーターなどとのセット販売も多く、美しい水槽に仕上げられるサイズ。

60cm 以上の大型水槽には専用の水槽台が必要。置ける場所が限られるが迫力ある世界観は素晴らしい。

キューブタイプや高さのある長方形、円形のものなどがあり、高さのある長方形は省スペースで設置できる。

水草と魚に必要な機材

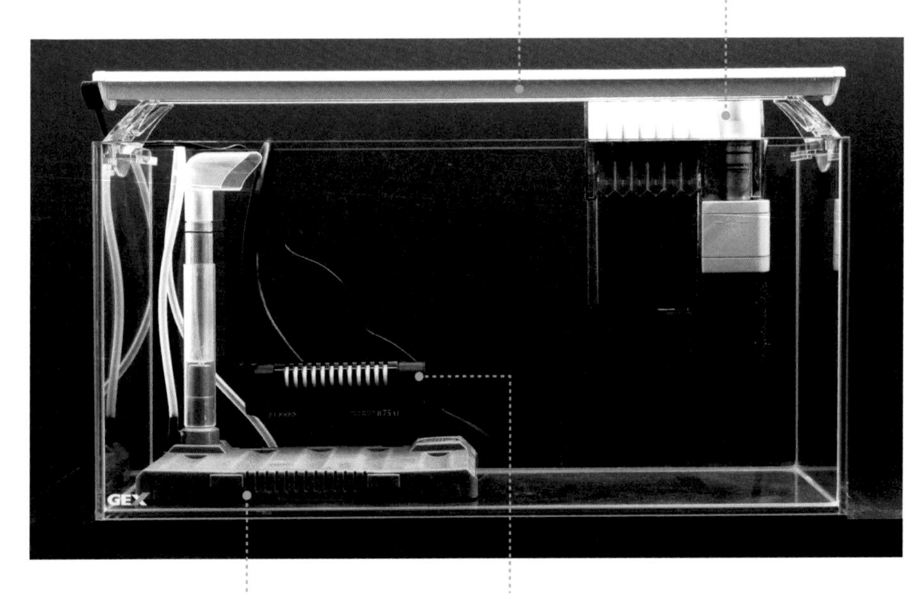

よりよい機材選びでアクアリウムを管理

熱帯魚や水草を飼育・成育するには、なんといっても水質管理が最も重要になってくる。それだけに水槽や周辺機材選びが大切になってくる。手間暇をかけたメンテナンスをするうえでも、自分が望むアクアリウムの実現や維持のためにも、使いやすく的確で、よりよい機材を選ぶことが必須だ。

フィルター

水槽内の水を循環させ、きれいな水にし、それを保つ役割を担う。外部式フィルターは静かな運転音で人気が高い。

ヒーター

多くの熱帯魚は水温24～26℃が適温。寒暖の差が大きい日本の気候では適温維持のための必須アイテムだ。

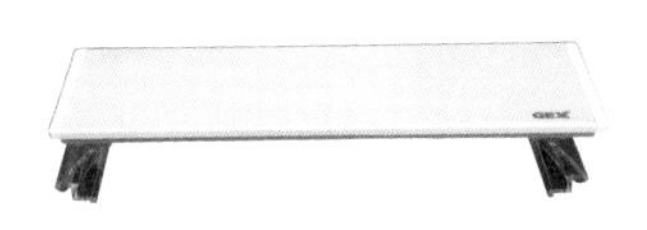

照明

熱帯魚や水槽をより美しく見せてくれるアイテム。水草の光合成のためにも必要だ。水草育成用の照明もある。

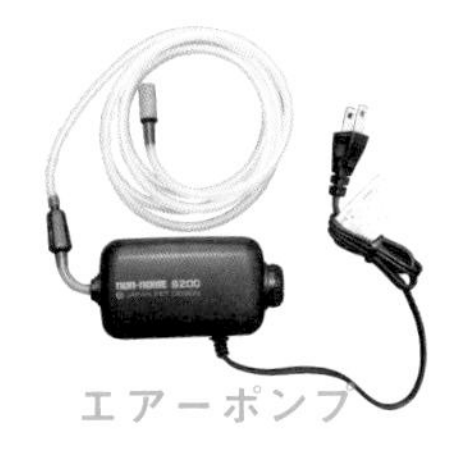

エアーポンプ

水槽内に強制的に空気を送るための機材。底面式フィルターの動力源となる空気を送り、水中への酸素補給にもなる。

CO2セット

水草の育成には光、CO2、栄養のバランスが重要。水草育成をすぐにはじめられる用品をセットしたものもある。

フィルターとろ材の選び方

ろ過して水をきれいに 水質管理の必需品

水草や熱帯魚のいる水槽では、フンやゴミなどで日々、水が汚れる。そのためろ材を収めたフィルターを設置して水をきれいに保つ必要がある。フィルターには外部式や上部式、底面式などの種類があり、基本的な役割は同じで、バクテリアの働きで有害物質を無害化する「生物ろ過」と、ゴミなどを除去する「物理ろ過」、アクや濁りなどを除去する「化学ろ過」だ。

ろ材の主な種類

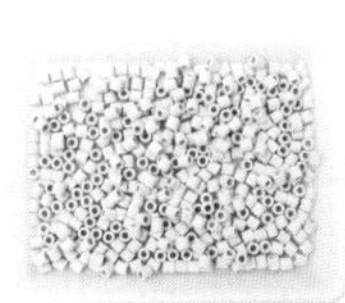

リング

穴があり目詰りを起こしにくいリングろ材。そのため生物ろ材の容量を増やすことができるのが特徴だ。

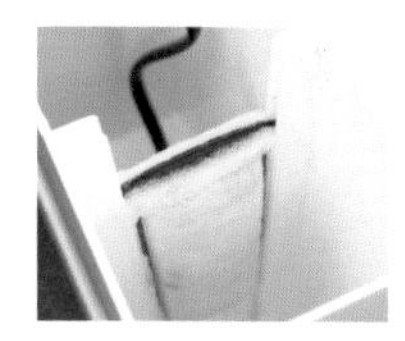

スポンジマット

生物ろ材に使われる場合は物理ろ材を兼ねるが、密度が低いため、バクテリアの繁殖は生物特化型のろ材よりも劣る。

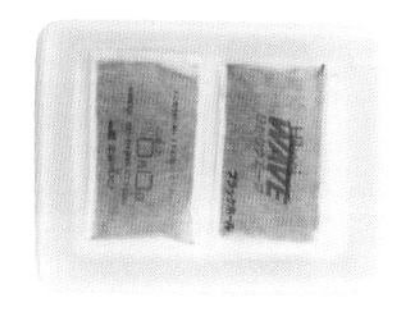

活性炭

おもに有機物を吸着し、アンモニアなどの発生を防ぐことができる。有機物由来の白濁に効果的。流木のアクも吸着。

フィルターの主な種類

外部式フィルター

外付けで水槽内に本体を入れる必要がないため、水槽内のレイアウトがしやすい。

上部式フィルター

ろ過能力が高く生体飼育に最適。交換時期のチェックもしやすい。

底面式フィルター

水槽の底に置き、上に砂利などを敷いて水を循環させろ過する。高性能だがまめなメンテが必要。

CO2と肥料の選び方

水草の光合成に 必要な二酸化炭素

水草が生長するうえで行う光合成には、光と二酸化炭素、そして栄養が必要。光は照明機材で与えることができる。二酸化炭素はCO2ボンベか添加剤で与える。栄養となる肥料は、水槽内に滴下する液体タイプと、底床に埋め込む固形タイプがあるので、水草の種類で使い分けよう。

CO2ボンベ

チューブを通して水中に二酸化炭素を細かい泡として放出する。

液体肥料

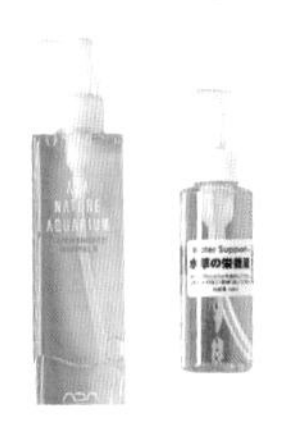

水槽内の水面に直接滴下するだけで、水草に栄養が補給できる。

固形肥料

砂利やソイルなどに埋め込み使用する。根を張る水草に最適。

5 照明は光合成と演出面で重要

美しい光景と水草育成に

水槽にセットする照明は、水槽内を美しく見せる効果はもちろん、水草水槽の場合、成育に必要な光合成に欠かせないアイテムだ。照明を付ける時間は1日のうち、決まったサイクルで7～8時間が目安。照明を消している時間も水草の生長にとっては重要だ。

照明の演出効果

白い光は柔らかく明るいイメージで、生体や水草を生き生きと見せてくれる。より自然な世界観を演出できる。

深海のようなミステリアスなイメージの水槽が演出できる。深い青の色で流木や熱帯魚も落ち着いた雰囲気に。

6 大きな水槽なら水槽台が必要

60cm以上の水槽に挑戦するなら用意しよう

60cmの水槽に水を入れると全体で約70kg、90cm水槽では200kg近くの重さになるので、強度のある台に設置することが必要だ。専用台には木製キャビネットやスチール、ステンレスなどのものがある。普通の家具より板が厚く太いネジでしっかりした作りになっている。ほとんどの台が70～90cmの高さに設定されているが、これは水槽が鑑賞しやすく、メンテナンスなどの作業がしやすいため。水槽を設置する前には必ず水平をとるようにする。

水槽台

木製キャビネット。内部には外部式フィルターなどが収納できるようになっている。

STEP 2

美しい水槽を作るために用意しよう

レイアウト用のアイテム

水槽の中に自分だけの世界を作るレイアウトという楽しみ

水槽まわりの機材を用意したら、次はレイアウトに必要なアイテムを揃えよう。レイアウトは水槽のサイズや形によって、そこにどのような世界を作りたいかをイメージすることから始まる。その際、水草や生体は生き物であるため、それらの生育に合った環境にすることを意識することも大切なポイントとなる。

1 レイアウトで用意するもの

種類によってさまざまなレイアウトが可能となる

レイアウトのベースとなる基本の素材は、底床と流木、石の3つ。この3つの組み合わせだけでも無数のレイアウトが可能だ。最初にどんな水草や生体を入れるのかを決めてから、それに合わせて、それぞれの種類や数量を決めていこう。

底床

ソイルや砂利といった底床は、水草や生体の種類によって使い分ける。また、底床の色によっても印象が変わる。

流木

流木はレイアウト素材として人気が高いアイテム。流木どうしを接着させて好みの形にすることもできる。

石

石の種類はさまざまで、色や形も異なる。どの石を選ぶかでも雰囲気は大きく変わってくる。

水草

レイアウトの主役ともいえる水草。後景草、中景草、前景草と背の高さを変えながらレイアウトするのが基本。

生体

水槽を華やかに演出してくれる生体は、見た目だけでなく、飼育する楽しみも魅力だ。

2 底床の種類と選び方

水草の生長を重視するなら養分を含むソイルが第一候補

水草が生長するためには養分が必要だが、根から吸収する方法と、水に溶け込んだものを葉から吸収する方法の2つがある。根から吸収することを前提に考えるなら、ソイルを選ぶ必要がある。ソイルは養分を含んでいるものの、それだけでは足りないこともあり、その場合にはパワーサンドといった養分を多く含んだ製品を使用するのがおすすめだ。ただし、養分を多く含んだ水槽では、コケが発生しやすく、維持も大変になることはおさえておきたい。また、ソイルには吸着作用を利用して水を濁りにくくさせるものもある。

また、あまり養分が必要ない水草や、そもそも水草をあまり使用しないレイアウトなら、砂利という選択肢もある。

底床の種類

ソイル

ソイルは土を粒状に焼き固めたもので、養分を多く含み、水草の生長に最適。

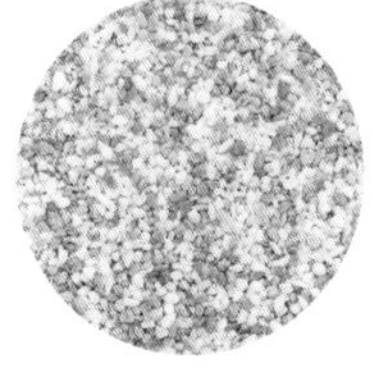

砂利

小さな石や砂を集めたもので、養分こそないが、洗うことで半永久的に使える。

3 レイアウトのオブジェとなる流木と石

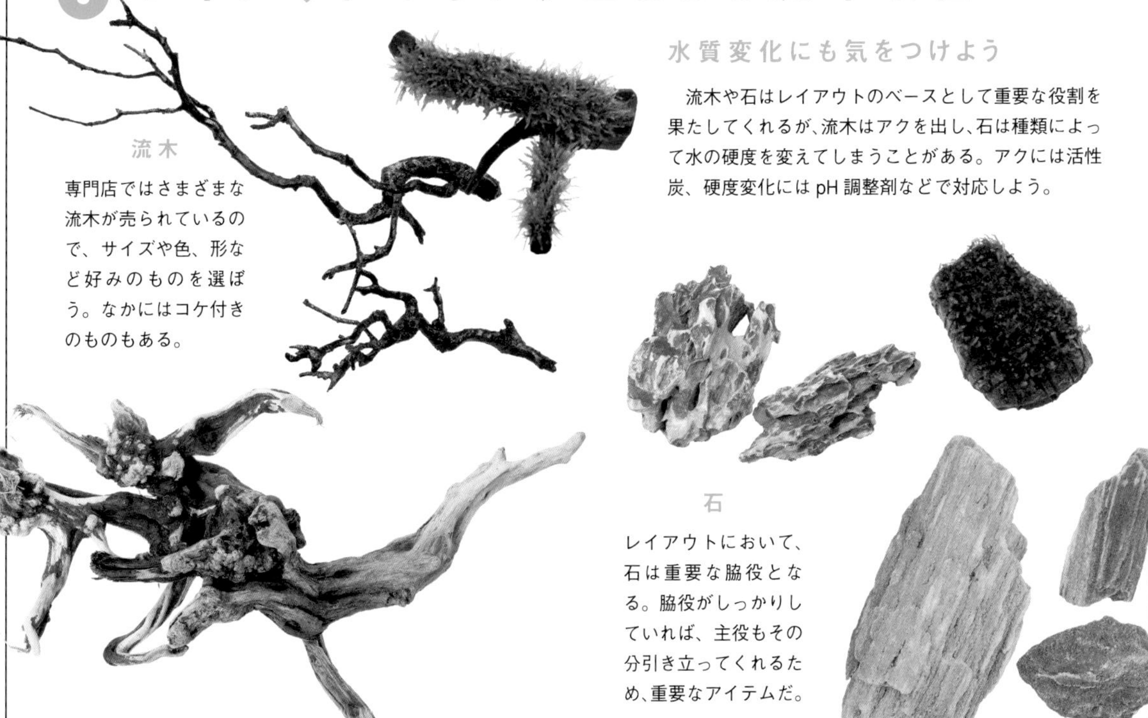

水質変化にも気をつけよう

流木や石はレイアウトのベースとして重要な役割を果たしてくれるが、流木はアクを出し、石は種類によって水の硬度を変えてしまうことがある。アクには活性炭、硬度変化にはpH調整剤などで対応しよう。

流木

専門店ではさまざまな流木が売られているので、サイズや色、形など好みのものを選ぼう。なかにはコケ付きのものもある。

石

レイアウトにおいて、石は重要な脇役となる。脇役がしっかりしていれば、主役もその分引き立ってくれるため、重要なアイテムだ。

STEP 3

美しいレイアウトのポイント

水槽レイアウトの基本

美しいレイアウトを作るためには ちょっとしたポイントがある

レイアウトに使用する素材や水草、生体を決めたら、実際に水槽内をレイアウトしていく。ただし、適当にレイアウトすればいいというものではなく、おさえておきたいポイントがいくつかある。そのポイントをおさえることで、たとえビギナーでも美しいレイアウトができるようになるので、ぜひおさえておこう。

1 レイアウトで使用する道具

細かい作業となる レイアウトでは必須

レイアウトでは、水草をカットしたり、ソイルに植えたりと、かなり細かい作業が必要になる。そのためにも道具はかなり重要。また、ピンセットやハサミは一般のものではなく、水槽内で作業しやすいアクアリウム専用のもので揃えるのがおすすめだ。

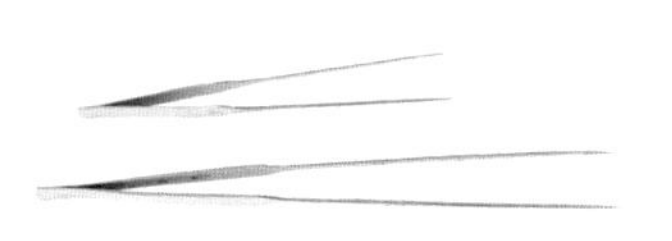

ピンセット

長さの違いでいくつか揃えておきたいピンセット。ピンポイントで水草を植えるための必須アイテム。

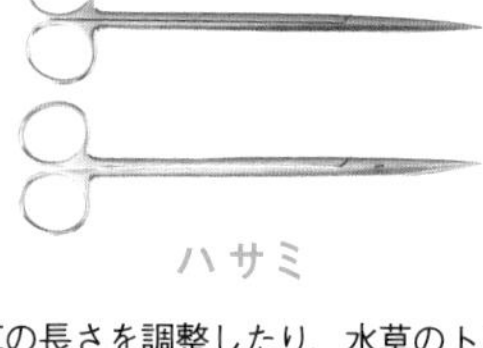

ハサミ

水草の長さを調整したり、水草のトリミングなどで使用する。水草にダメージを与えないために切れ味がよいものを。

スクレーパー

底床を平らにならすのに便利なスクレーパー。水槽のガラス面に付いたコケをこそげ取るのにも使用する。

ホースクリーナー

ホース内の汚れを落とすためのクリーナーブラシ。定期的な水槽掃除のメンテナンスで使用する。

バケツ

バケツは水槽内に入れる水を貯めたり、生体の水合わせ、水換えなど、さまざまな用途で活躍する。

2 奥側を高く、手前側を低くが基本

レイアウトの立体感が美しく見せる大きなポイント

レイアウトを美しく見せる重要なポイントは、メリハリと立体感にある。メリハリについては水草を植えるエリアや、流木と石の配置などで決まるため、多少のセンスと経験が必要となる。しかし、立体感に関してはビギナーでも簡単に演出することができる。

立体感は奥行き感と言ってもいい。レイアウト水槽は、絵画と同じように通常正面から鑑賞するもの。ただ、絵画と違って水槽にはそもそも奥行きがある。その空間をうまく利用しない手はない。方法は簡単。水槽の奥側を高く、手前側を低くすることを意識するだけだ。そうすることによって、奥側のレイアウトも手前のものに隠されることなく、正面からしっかり見ることができる。そのためには、底床は奥側を高く、手前側を低くするように傾斜をつけることと、水草の高さも奥側を高くすればいい。

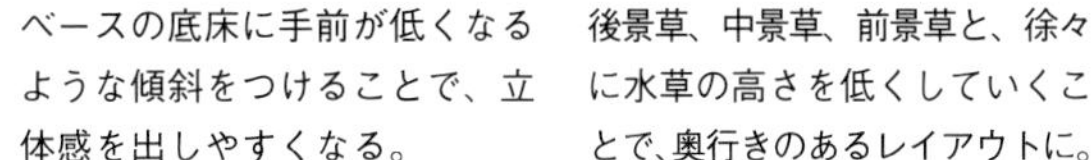

底床と水草で立体感を出す

ベースの底床に手前が低くなるような傾斜をつけることで、立体感を出しやすくなる。

後景草、中景草、前景草と、徐々に水草の高さを低くしていくことで、奥行きのあるレイアウトに。

3 流木や石の配置は大きなものをメインに

流木や石を配置する際は空間にメリハリをつける

流木や石はレイアウトの土台を作るとともに、全体のメリハリをつけ、アクセントにもなる重要な素材だ。その配置によって、全体のバランスが決まるといっても過言ではない。とはいえ、規則的に並べればいいというわけではない。そこに規則性が感じられると、途端に人工的な雰囲気を帯びてしまう。もちろん、人工的な雰囲気を演出して成功するレイアウトもあるが、自然な雰囲気を重視するなら、流木や石の配置はランダムにする必要がある。

ただ、ビギナーにとって、ランダムに配置するというのが難しいところではある。コツとしては、ここを目立たせたいという場所を決めたら、そこに流木や石を集中させる。それによって、空間にメリハリが生まれる。また、同じような大きさや高さのものを並べるのではなく、大きさや高さの異なるものを使うことでもメリハリは出やすい。流木や石のなかでも一番大きなものの位置を最初に決め、それより小さなものはバランスを見ながら配置を決めよう。

バランスを考えて配置

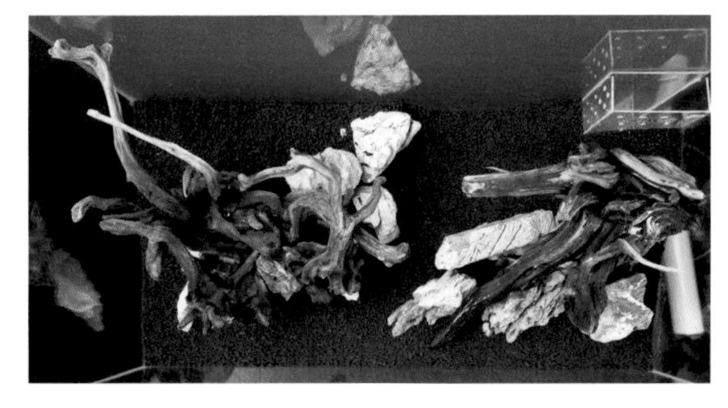

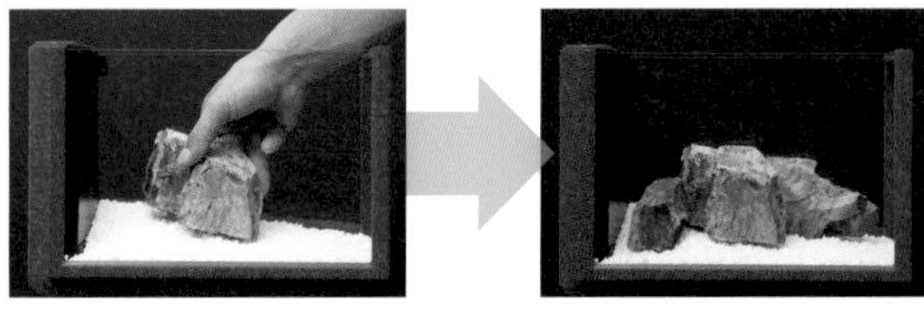

流木や石の配置は、後景草を植える奥側のエリアは空けておくなど、水草を植えるエリアをあらかじめ避けて置くことも大切。また、底床に埋め込むことで高さを微調整するのもテクニックだ。

STEP 4

水槽設置から生体を入れるまで

水槽レイアウトの方法

レイアウトの基本的な流れ

1. 水槽を設置する
2. 底床を入れる
3. 流木や石を配置する
4. 水を水槽に入れる
5. 水草を植える
6. 水質が安定するのを待つ
7. 生体を入れる

基本的な流れをおさえて実際にレイアウトを進めよう

ここからは水槽を設置するところから生体を水槽に入れるところまで、実際にレイアウトの方法を紹介していく。基本的にどんなレイアウトでも、左のような流れで進めていくことになる。水槽レイアウトはやり直しが利かないため、どの行程も丁寧に進めることが大切。最初は小さな水槽で手順を覚えるのがおすすめだ。

1 水槽を設置する

安定した場所に設置する

水槽を設置する部屋や場所を決めたら、次に行うのは台の水平を測ること。何十kgという水量が入る水槽が多少でも傾いていると、一カ所に重さが集中してしまい、最悪の場合、水槽が割れてしまうこともある。

水槽を置く場所の床は、重みで沈んでしまうような絨毯やカーペットなどではなく、フローリングなどがいい。まずは安定した水槽設置を行おう。

水平器で水平をとる

水平器を使って、水槽を置く台が水平かどうかをチェックする。

傾きがある場合は、パネルなどをかまして水平になるように調整する。

2 底床を入れる

底床を入れてならす

水槽を設置したら、いよいよレイアウトを始めよう。まずは水槽に底床を入れる。底床の量は水槽のサイズによっても異なるが、水草を植えることを考えて、一番低い場所でも高さが2cm程度になるような量を入れる。

底床を入れたら、スクレーパーなどを使って平らにならす。フィルターやヒーターなどの機材は、このタイミングで設置する。

レイアウトの土台となる

砂利などを使用する場合は、水槽に入れる前に米を研ぐように洗っておく。

レイアウトに立体感を出すために、傾斜をつけながら、平らにならしていく。

3 流木や石を配置する

レイアウトは最初が肝心

底床を入れたら、次は流木や石を配置していく。水槽内部にフィルターやヒーターなどがある場合、流木や石で隠すか、この後植えていく水草で隠すことになるので、それも考えたうえで配置を決めよう。

流木と石の配置によって、水草の配置も自ずと決まってくるため、このベースとなるレイアウトはじっくり考えて進めよう。

これでレイアウトのベースが完成

一番目立たせたいものから水槽に配置する方がレイアウトしやすい。

メインとなる流木の配置を決めたら、サブの石の位置を決めていく。

4 水を水槽に入れる

カルキを抜いた水を使用

ベースのレイアウトが完成したら、水を水槽に入れる。その場合、水を勢いよく入れてしまうと、底床が舞い上がったり、レイアウトが崩れてしまうため、スポンジやキッチンペーパーなどを緩衝材に使用する。バケツから直接ゆっくり注ぐこともできるが、サイフォンの原理でホースから入れると、レイアウトが崩れにくい。また、水道水はあらかじめ中和剤などを使ってカルキを抜いておこう。

レイアウトを崩さないように

レイアウトが崩れないように、サイフォンの原理を利用してホースからゆっくり入れるのがおすすめ。

この後、水草を植えるため、満水にはせず、手を入れてもあふれない程度に水を入れる。

5 水草を植える

水草の種類によって植え方も変わる

いよいよ水草を植える工程に入る。ショップで買ってきた水草は、生体にとって有害な農薬や水草を食害してしまう巻き貝などがついている可能性があるため、そのまま植えるのではなく、必ずカルキを抜いた常温の水で洗うことも忘れずに。また、ショップで購入した水草に鉛やウールマットが付いている場合は、丁寧に取り外しておこう。

水草は、大きく分けてロゼットと有茎草の2種類がある。ロゼットの水草には、ヘアーグラスのように地下茎を伸ばしながら、横に広がっていくタイプと、エキノドルスのように草の中心から新芽を伸ばしていくタイプがある。どちらも根が底床の中に隠れる程度の深さで植える。

ロタラに代表される有茎草は、茎の途中から根を生やすため、植えたい部分に生えている余分な葉を切り落として植えれば、自然と根を張る。そのため、ロゼットよりも深めに植えるのがポイントだ。背の低いロゼットは前景草として、背の高い有茎草は後景草として使用することが多い。

ピンセットで丁寧に

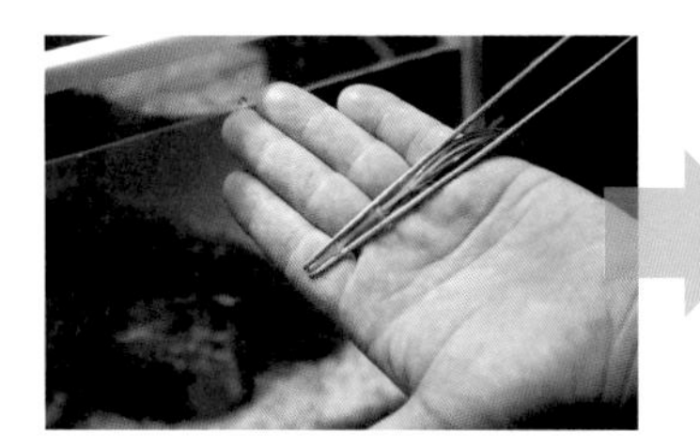

有茎草は、茎を傷めないように、ピンセットで根元まで摘まんだ状態で植えるようにする。

ピンセットで水草を摘まんだまま、植えたい場所に突き刺し、ピンセットを開いて水草だけを残し、引き抜く。

奥は背の高い水草、手前は背の低い水草

水草も底床と同様に、背の高い有茎草は奥側、背の低いロゼットは手前側に植えて高低差を出す。同じ有茎草でも、ハサミで長さを調整することで、手前に向けて徐々に高さを変えられる。

水質が安定するのを待つ

変化を楽しみながら待つ

水草を植え終わったら、レイアウトはほぼ完成だ。ただ、すぐに生体を入れることはできない。まだ、水質を安定させるためのバクテリアの数が十分ではないためだ。フィルターなどを動かした状態で水槽を立ち上げるためには、30cm水槽なら2～3日、45cm水槽なら1週間程度、60cm水槽なら2週間程度、90cm水槽なら3週間程度待つ必要がある。水草の状態をチェックしながらゆっくり待とう。

大きな水槽は時間がかかる

水草を植えたばかりの時は、水も濁りがちで、バクテリアの数も足りず、水質が安定していない。

45cm水槽で2週間程度待った状態。水草も生長し始め、水もクリアになっている。

7 生体を水槽に入れる

環境変化のストレスを極力減らす作業が必要

水槽内の水が安定するまで待ったら、いよいよ生体を入れていく段階。ただし、この場合も一度に数多くの生体を入れるのではなく、何度かに分けて入れるのが基本。もちろん、水槽のサイズによって飼育できる生体の数に限界があり、水1ℓにつき小型魚の生体1匹が目安。生体が大きくなれば、その分入れられる数は減る。

また、生体が死んでしまう原因の多くは環境の変化によるストレスによるもの。そのため、生体を水槽内に入れる前に必ずしなければいけないのが水合わせと水温合わせだ。水合わせは、水槽内の水を生体に徐々に慣れさせていく作業のこと。生体が入っていた元々の水に、ホースで水槽内の水を足していくことで行う。デリケートな生体の場合は、ホースの出口をしっかり絞り、点滴のようにゆっくり水合わせを行う必要がある。その後、ビニール袋に生体と水を入れ、それを水槽内に浮かべることで水温を合わせていく。この2つの作業を経て、ようやく生体を水槽内に入れることができる。

水合わせと水温合わせ

まずは、バケツに購入してきた生体と水をそのまま入れ、そこに水槽内の水をゆっくり足していくのが水合わせ。

水合わせが終わったら、ビニール袋に生体とバケツの水を入れ、水槽内に浮かべ、水温を合わせる。

一度に数多くの生体を入れない

飼育する予定の数を全部一度に水槽に入れるのではなく、何度かに分けて入れるようにする。このように環境変化のストレスをできるだけ減らすことで、生体が死んでしまうことを防ぐことができる。

STEP
5

心強い味方になってくれる
専門店を利用しよう

いろいろな専門店を回って 状態のいい生体を見極めよう

なんといっても水草や生体は、自分の目で見ることが肝心だ。まずは多くの種類を扱っている専門店を見て回っていると、次第に状態のいいものがわかるようになってくる。店の感じや店員さんの対応などでお気に入りの店が決まったら、そこで魚を選ぶといい。魚に移動のストレスをかけないために家から近い店のほうがいいし、飼育後にも不足品の補充や相談ができるよう行きやすい距離にある店を選びたい。

1 専門知識が豊富

親切に教えてくれるスタッフが心強い

専門知識が豊富なスタッフが多いのも専門店の強み。また、飼育上での困り事など、親切に相談に乗ってくれるスタッフがいる率も高い。

2 品揃えが豊富

商品の選択肢が多いから心強い

専門的だけに、商品の種類や数も豊富で幅広く揃っている。特定の種類に強いなど、その店ならではの傾向もあるので、色々見てみよう。

PART 2

小型水槽のレイアウト

AQUARIUM

和の雰囲気を
水槽内に
作り出そう

金魚水槽をはじめよう

華やかな金魚を引き立たせるレイアウトを意識しよう

日本人にとって最も馴染み深い観賞魚といえるのが金魚だ。和金系、琉金系、ランチュウ系など、その種類も数多く、値段もピンからキリまでと、ハマったら底なしのジャンルでもある。何より魅力なのは、その丸い魚体の可愛さと鮮やかな体色、そして優雅にたなびかせる尾びれ。そんな金魚はアクアリウム初心者にとっても最適な魚だ。というより、アクアリウムをこれから本格的に楽しんでいこうという人にとっては、最高の教科書にもなるはずだ。

金魚は雑食で食欲旺盛。よく食べて、よく排泄するため、水を汚しやすい魚でもある。水換えはもちろん、水槽内のバクテリアを増やすための工夫など、アクアリウムの基本的なことは金魚から学べるだろう。

レイアウトに関しては、金魚をいかに主役として引き立たせるかがポイントとなる。底床や石はあえて色味をおさえることで、金魚の鮮やかな魚体を目立たせることができる。また、和のイメージを演出するのもおすすめだ。

水槽レイアウト全景

■水槽：幅31.5×奥行き16.0×高さ24.0cm　■水草：造花、カボンバ、アマゾンフロッグビット　■水温：20° C　■pH:7.5
■生体：リュウキン、タンチョウ　■底床：金魚の紅白珠砂利（スドー）

使用機材

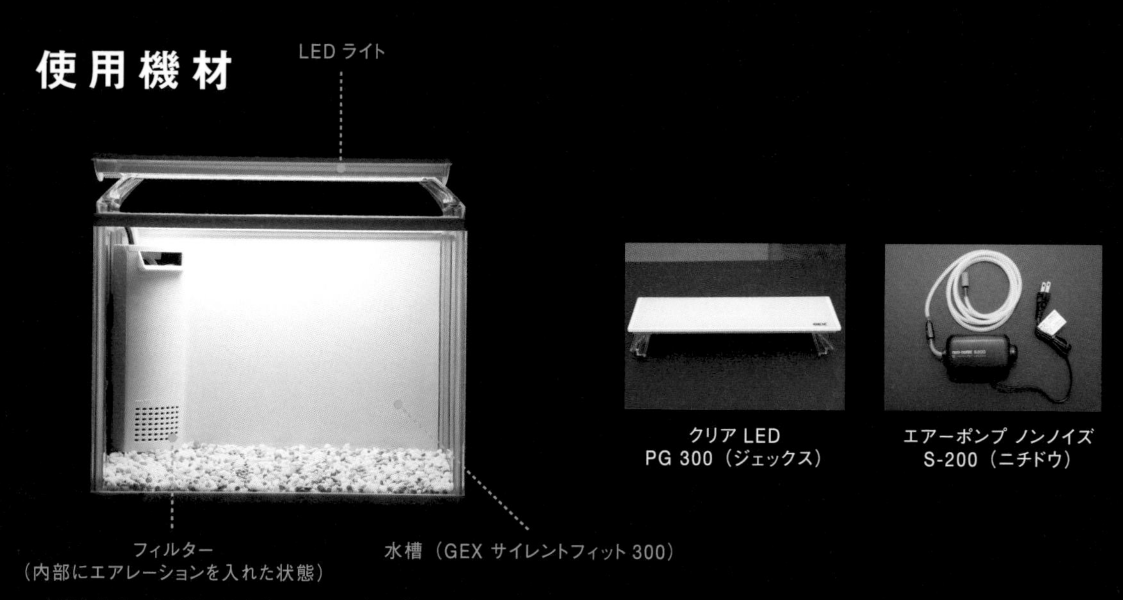

クリア LED
PG 300（ジェックス）

エアーポンプ ノンノイズ
S-200（ニチドウ）

水槽内をすっきり見せるため、エアーポンプをフィルターの内部に格納している。水槽内で飼育水の中の酸素量がエアレーションによって増えるため、バクテリアを増やしてくれる。

Step1 水槽の土台を作る

1 ろ過材を用意する

バクテリアを増やすために、ろ過材にはパワーハウス カスタムイン 50（ソフトタイプ）を使用する。

2 フィルターをセット

フィルター内のカートリッジを1のろ過材に入れ替える。エアーポンプ（逆流防止弁を付けたもの）もフィルター内に格納する。

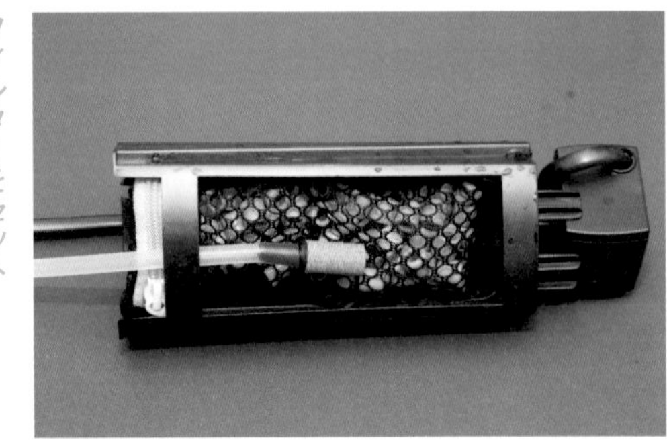

3 フィルターの改良

フィルターのフタは、エアーポンプを通すため、切り込みを入れている。

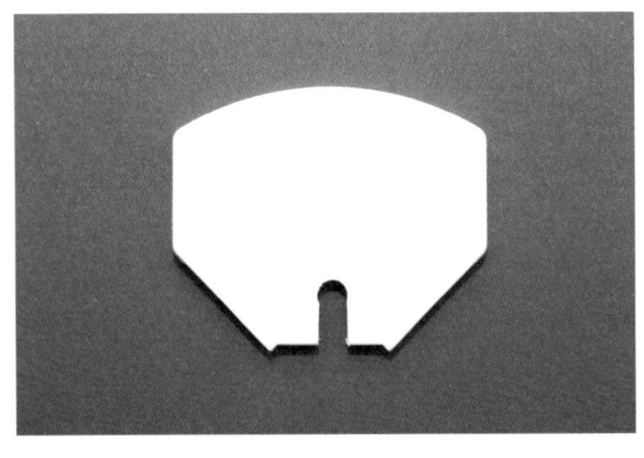

4 フィルターの完成

フタを閉めてフィルターは完成。

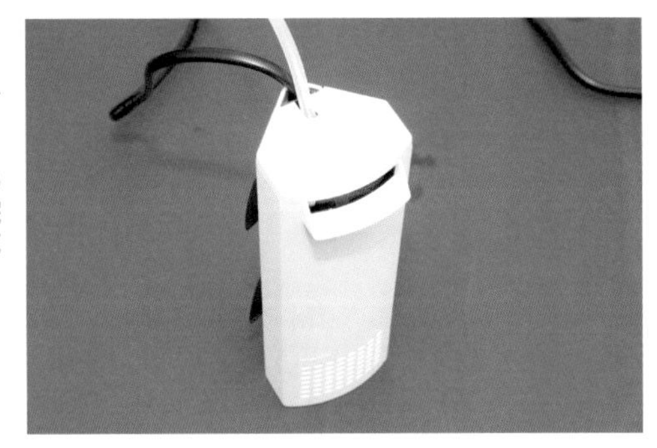

5 砂利を入れる

砂利（約800g前後）を水槽に入れる。砂利は米をとぐように、3～4回すすいでから使用する。砂利を敷いたら平らにならす。

6 造花を配置する

造花をバランスよく配置していく。それぞれ位置が決まったら、砂利に埋めて固定する。

7

千景石をバランスよく配置していく。位置が決まったら、砂利に埋めて固定する。

千景石を配置する

Point

魚が泳ぐスペースを考える

水槽内のレイアウトを決める際は、魚がここで泳いでほしいというスペースは空けておくなど、実際に魚が入った状態を想像しながら進めていこう。

8

ベースのレイアウトが完成した状態。明るい砂利と鮮やかな金魚とのコントラストを強調させるために、暗めの石をセレクトしている。千景石が手に入らない場合は、万天石を使用してもOK。

石と造花の配置

Step2 水草と魚を入れる

食欲旺盛な金魚は、せっかく水草を配置しても食べてしまい、レイアウトを崩してしまうため、メインには造花を使用している。ただ、それだけでは味気ないので、カボンバとアマゾンフロッグビットを追加する。カボンバは金魚定番の水草としても知られ、非常食としての餌にもなるから便利。アマゾンフロッグビットは浮き草なので、本来の上から覗く金魚の観賞スタイルにも最適だ。

用意するもの

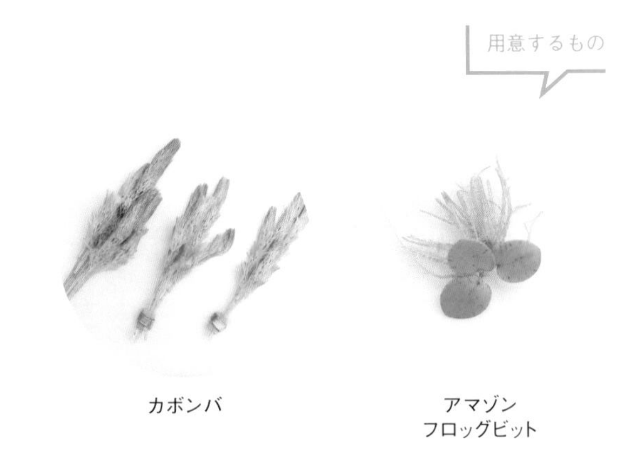

カボンバ

アマゾン
フロッグビット

1

水槽に水を入れてから、両サイドにカボンバを植える。アマゾンフロッグビットは３つ程度、水面に浮かせればレイアウトは完成。

水草を入れる

2

レイアウト完成後、水質が安定するまで２～３日待ってから、水合わせと水温合わせをして、金魚を水槽に入れる。

金魚を入れる

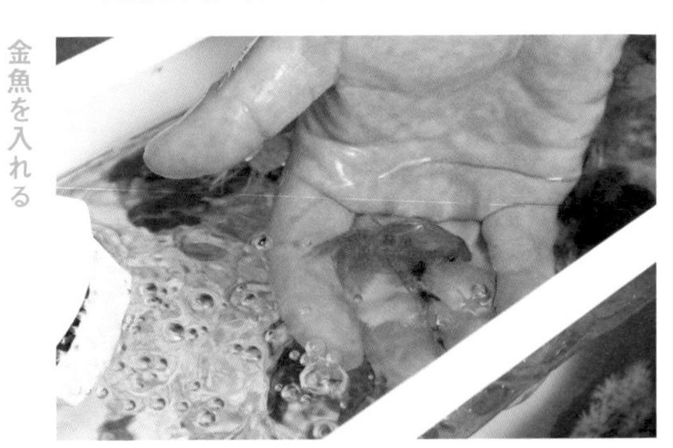

Point

金魚水槽をきれいに保つバクテリア

金魚は食欲旺盛で、排泄も多いため、水を汚してしまいがち。そのため、水をきれいに保つため、バクテリアを増やす工夫が重要なポイントになる。

3

モノトーン気味のレイアウトによって、金魚の鮮やかさがより引き立っている。30cmと小型の水槽なので、金魚の数はそこまで多くできない。また、生長してきたら、水槽のサイズアップも検討しよう。

金魚水槽の完成

LAYOUT 2

水槽レイアウト全景

鉢型
水槽

■水槽：直径22.5×高さ18.5cm ■水草：ミクロソリウムナローリーフ、ニューラージリーフハイグロフィラ、ウォーターウィステリア、ルドウィジアスーパーレッド、アマゾンチドメグサ、サルビニア、マリモ ■水温：26°C ■pH：6.0 ■生体：ショーベタ（デルタ、クラウンテールなど） ■底床：プラチナソイル パウダーブラック（JUN）

Betta fish

手軽なボトルアクアリウム

ミニマムな
水中世界を
作り出す

お洒落な見た目と手軽さで初心者にもおすすめ

好きなボトルを使ってアクアリウムを楽しむ、ボトルアクアリウム。通常の四角い水槽とは違って、インテリアにマッチする見た目と手軽さで人気となっている。ここではボトルアクアリウムのレイアウト例として、ベタを生体としてセレクトした、丸い鉢型ボトルのレイアウトを紹介。ライトなどの機材を使用しないため、できあがったら窓辺などに置くのがおすすめ。また、冬場は水温管理のため、ボトルの下にプレートヒーターなどを敷いて対処しよう。

使用ボトル

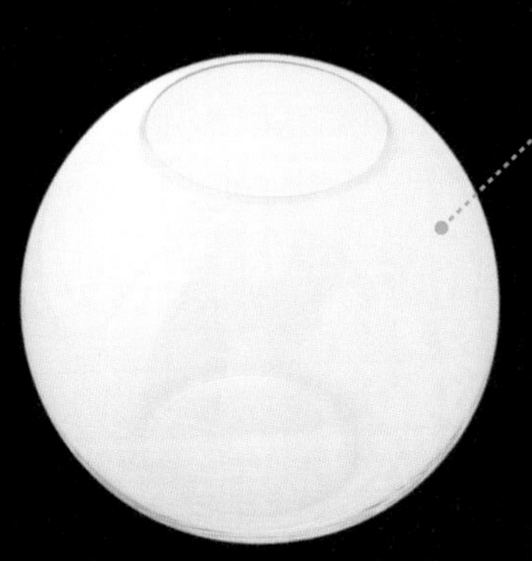

グラスアクアリウム
スフィア（ジェックス）

ボトルアクアリウムは、好みの形状のボトルを使えるのが魅力。ただ、生体を入れるなら、あまり小さすぎるものは使わないようにしよう。

Step1 水草を準備する

1

ボトルにソイルと水を入れる

ボトルにソイルと水を入れる。ソイルは高低差が出るように、奥を6～7cm、手前を3～4cm程度の厚みにする。

2

水草を準備する

細く長い葉が特徴のミクロソリウムナローリーフ。ミクロソリウムナローリーフ付きの溶岩石などを使ってもOK。

3

水草を準備する

ライトグリーンの広い葉が特徴のニューラージリーフハイグロフィラ。

4

水草を準備する

レイアウトにボリューム感を出せるウォーターウィステリア。

5

水草を準備する

深みのあるワインレッドで、レイアウトのアクセントにもなるルドウィジアスーパーレッド。

6

水草を準備する

アマゾンチドメグサは水草間の緩衝材として使用する。この他にサルビニア、マリモを用意する。

Step2 水草をレイアウトする

1

ミクロソリウムナローリーフをボトルのセンターに植える。

水草を植える

2

ニューラージリーフハイグロフィラをミクロソリウムナローリーフの奥に植える。

水草を植える

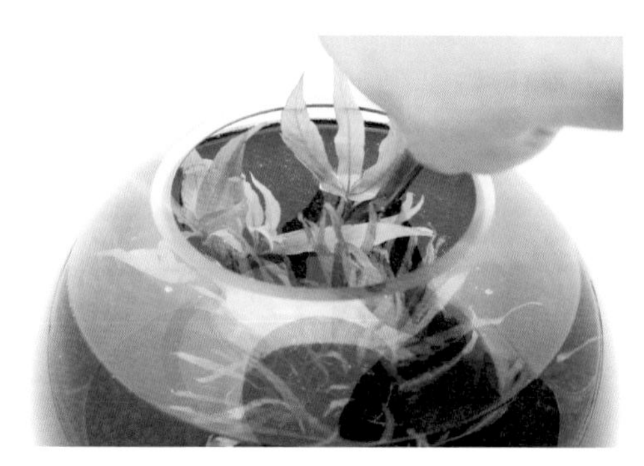

3

ミクロソリウムナローリーフとニューラージリーフハイグロフィラを植えた状態。

途中のレイアウト

4

ウォーターウィステリアをニューラージリーフハイグロフィラの両脇に植える。

水草を植える

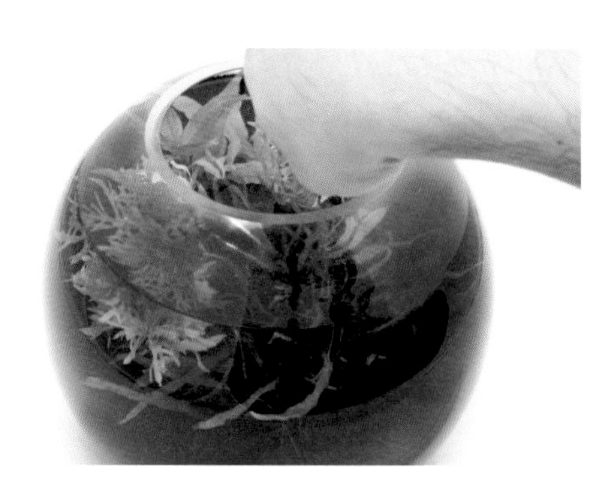

5

ウォーターウィステリアまで植え終わった状態。

途中のレイアウト

6

ルドウィジアスーパーレッドを手前側の左右に植える。

水草を植える

7 途中のレイアウト

ルドウィジアスーパーレッドは左右対称にはせず、左右で植える分量を変えている。

8 水草を植える

アマゾンチドメグサを他の水草の間に植えて緩衝材にする。

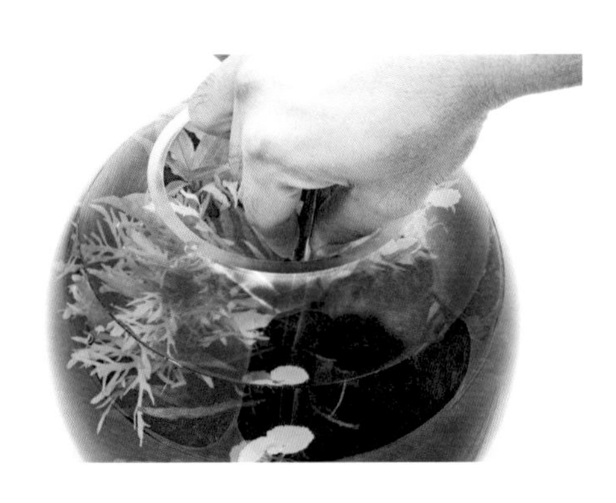

9 水草レイアウトが完成

サルビニアを水面に浮かべ、マリモを入れればレイアウトは完成。中和された水（適温26℃）をオーバフローさせて水換えをし、その後にベタを入れる。

LAYOUT 3

水槽レイアウト全景

30cm
水槽

■水槽：幅31.5×奥行き16.0×高さ24.0cm ■水草：ポゴステモン バンビエン、アメリカンスプライト、ハイグロフィラ ロザエネルヴィス、ウォーターバコパ、アマゾンチドメグサ、マリモ（養殖） ■水温：26° C ■pH:7.2 ■生体：ネオンテトラ、プラティ各種、コリドラス各種など ■底床：クリスタルオレンジ（スドー）

水草
レイアウトの
基本

小型水槽を楽しもう

アクアリウムの基本が学べるコンパクト水槽

アクアリウムにおいて60cm水槽がもっとも一般的なサイズだが、ビギナーにとってはやや大きく、持て余してしまうことも多い。そこで、おすすめなのが30cm水槽だ。60cm水槽に比べて半分の大きさだから、レイアウト素材の分量も少なくて済み、手軽にはじめられるのがメリットだ。水量が少ない分、水質管理に気をつけなければいけないが、それもアクアリウムの重要な要素なので、まずはコンパクト水槽で基本を学んでいこう。

使用機材

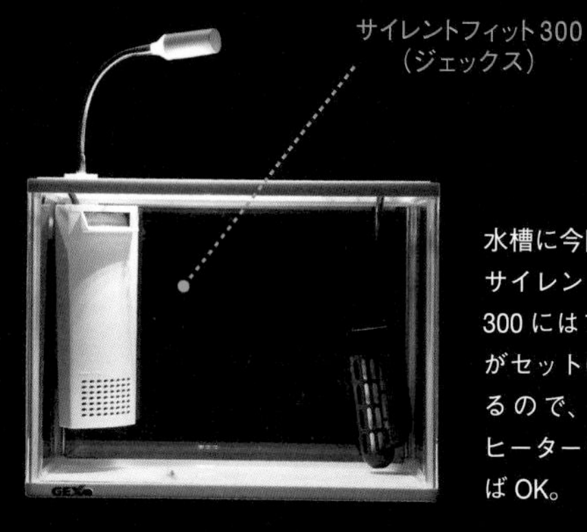

サイレントフィット300
（ジェックス）

水槽に今回使用するサイレントフィット300にはフィルターがセットになっているので、ライトとヒーターを追加すればOK。

Step1 レイアウトの土台作り

1

水槽に砂利（クリスタルオレンジ）を入れる。砂利は入れる前に、米を研ぐようなイメージで洗っておくこと。

砂利を入れる

2

砂利を平らにならす。砂利の厚さは3～5cm程度で、奥側をやや高くしておく。その後フィルターとヒーターをセットする。

砂利を平らにならす

3

木化石をセレクト。木化石はその名の通り、木が化石化したもので、木の雰囲気を残しながらも年月を感じさせるのが魅力、。

石を準備する

4

今回使用する流木は、ウィローモス付きのものをセレクトした。

流木を準備する

5

センター付近に流木を配置する。この段階ではまだ仮の配置で、後でバランスを考えながら微調整して仕上げる。

流木を配置する

6

流木の左と手前に木化石を配置する。

石を配置する

Step2 水草を植える

1

茎から長く伸びる葉が特徴のポゴステモン バンビエン。

水草を準備する

2

ライトグリーンで細い葉が密に付くのが特徴のアメリカンスプライト。

水草を準備する

3

育てる環境によって、葉がピンクになるのが特徴のハイグロフィラ ロザエネルヴィス。

水草を準備する

4

厚みのある楕円形の葉が特徴のウォーターバコパ。

水草を準備する

5

個性的な丸い葉が特徴のアマゾンチドメグサ。

水草を準備する

6

コロコロと可愛らしい雰囲気が魅力のマリモ（養殖）。

水草を準備する

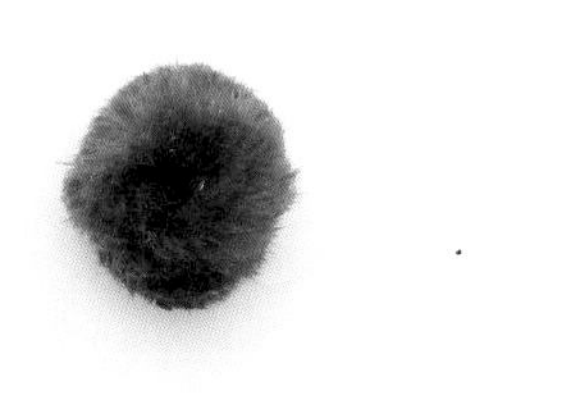

7 水槽に水を入れる

7割程度を目安に水槽に水を入れる。レイアウトが崩れないように、綿などを緩衝材として使用しよう。

8 ピンセットの使い方

水草を植える際には、レイアウトを崩さないためにピンセットを使う。根元まで挟み込み、砂利に差し込んだら、ピンセットを開いて抜く。

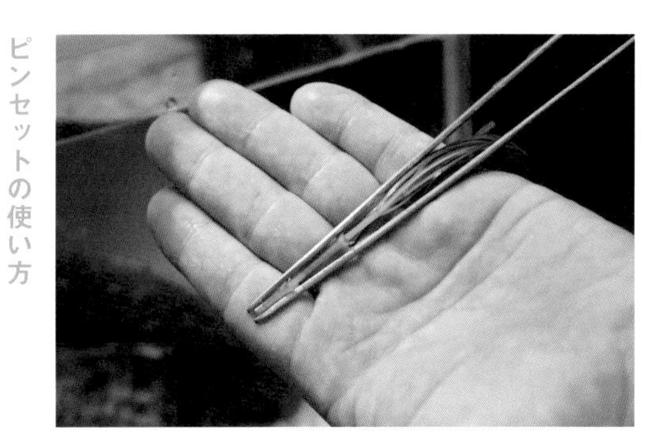

9 水草を植える

背の高いポゴステモン バンビエンを左奥側に植えていく。光の当たり具合を良くするため、直線ではなくジグザグに植えるのがポイント。

10 途中のレイアウト

ポゴステモン バンビエンを植え終わった状態。

11 水草を植える

アメリカンスプライトを、ヒーターを隠すように、その手前に植えていく。

12 途中のレイアウト

アメリカンスプライトを植え終わった状態。

Step2 水草を植える

13

アメリカンスプライトの手前にハイグロフィラ ロザエネルヴィスを植えていく。

水草を植える

14

ハイグロフィラ ロザエネルヴィスを植え終わった状態。

途中のレイアウト

15

ハイグロフィラ・ロザエネルヴィスの手前と、水槽左奥のフィルター手前にウォーターバコパを植えていく。

水草を植える

16

ウォーターバコパを植え終わった状態。

途中のレイアウト

17

木化石どうしのすき間部分にアマゾンチドメグサを植えていく。

水草を植える

18

手前のセンター付近にマリモを入れてレイアウトが完成。

水草を植える

Step3 メンテナンスのポイント

冷却ファン

夏場にどうしても水温が上昇してしまうような環境であれば、冷却ファンを設置しよう。水温を約3.5℃下げてくれる（気化熱のため、外気温によって下がる温度に違いが出る）。これはアクアクールファン（ジェックス）。

バクテリア剤

水槽の立ち上げ時にバクテリア剤を使用すると、安定して立ち上げやすくなる。使用時は必ず中和した水に入れるようにしよう。

水草のレイアウト

6種の水草が織り成す水草水槽。30cmと小型の水槽でも、様々な水草の生長を楽しめる。奥側は背の高い水草、手前は背の低い水草という配置で立体感を出すことも忘れずに。水草の長さは根元をカットすることで調整できる。

LAYOUT 4

小型水槽で
飼育しやすい
メダカ

メダカ水槽をはじめよう

和のイメージに仕上げるメダカの水中世界

　これからアクアリウムをはじめようという初心者の方におすすめなのがメダカ水槽だ。日本各地に生息する身近な魚であり、比較的安く手に入れられる。また、扱いやすい小型水槽で飼育できるのも大きなメリット。とはいえ、ひとくちにメダカといっても、その種類は500を超えるほど品種改良が進んでおり、現在ではさまざまな色のメダカを楽しむことができる。そんな色鮮やかなメダカが映えるようなレイアウトを組んでいこう。

　まず、メダカの飼育に欠かせないのが水草だ。水草はメダカが身を隠したり、産卵床にするなど、重要な役割を担うため、メダカと相性のいいものを選ぼう。そして、渓石という種類の石をバランスよく配置することで、メダカらしい和のイメージに仕上げることができる。底床にはパールホワイトの砂利を使用。全体を明るい印象にしてくれるとともに、メダカの鮮やかな色味を存分に演出してくれる。爽やかな和の世界を水槽内に作り上げてみよう。

水槽レイアウト全景

30cm
水槽

■水槽：幅32.0×奥行き18.0×高さ22.2cm
■ろ過システム：側面フィルター&底面フィルター
■水温：18°C　■pH:6.5
■生体：黒メダカ、青メダカ、白メダカ、楊貴妃メダカ　■底床：メダカの砂利（ジェックス）

飼育する生体

いかにもメダカらしい黒メダカ、光の当たり方で清涼感のある青色に見える青メダカ、透き通るような透明感の白メダカ、金魚のように鮮やかな赤の楊貴妃メダカ。この4種だけでも色鮮やかな世界観を演出できる。

黒メダカ

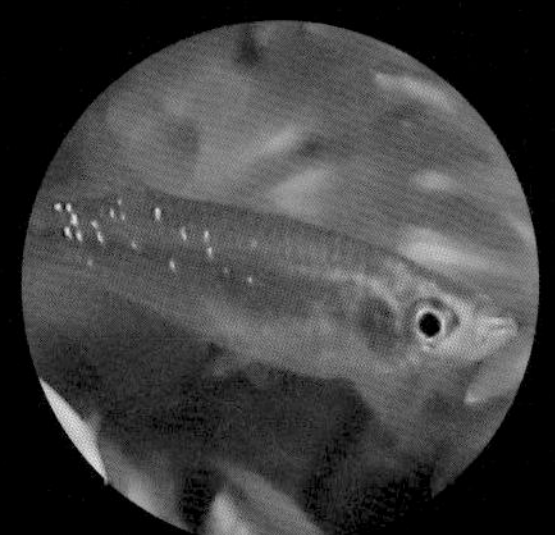

青メダカ

白メダカ

楊貴妃メダカ

Step1 水槽の土台を作る

用意するもの

メダカ水槽には底床として、パールホワイトの砂利を使用。赤い水槽とマッチして、明るい水景を演出できる。今回は水草を植えるので、3～5cmの厚さになるように敷き詰める。また、オブジェとして使用するのは渓石。L、M、Sの3つのサイズをセレクトし、メインとなるLサイズのものを中心に配置を決めていく。奥が高く、手前が低くなるように意識することで、レイアウトがバランスよくできる。

渓石

メダカの砂利
（ジェックス）

1

砂利を3～5cmの高さになるように入れる。奥側が高く、手前側が低くなるよう、緩やかに勾配をつけると立体感が出る。

2 砂利をならす

スクレーパーなどを使って砂利を平らにならす。

3 渓石の配置を考える

渓石の配置を考えながら、砂利の上に置く。渓石はメインとなる大きなものから配置を決める。

Point

**最初は石を置いて
イメージを固める**

渓石は後で配置を調整できるように、最初は砂利に埋め込まずに置くだけにする。レイアウトは奥を高めに、手前を低めにすることを意識するのも重要。

4

大きなサイズの渓石から順に配置を決めて置いていく。使用している渓石のサイズはL、M、Sの3種類。

5

渓石のレイアウトが決まったら、砂利に埋め込む。深く埋め込むと渓石の高さを低くすることができるので、バランスを考えながら行う。

水槽に水を入れる。レイアウトが崩れないように、綿やキッチンペーパーを緩衝材にして丁寧に注ぎ入れる。

水槽に水を入れる

7

水の量は10ℓが目安。水は水槽に入れる前に必ず中和しておくこと。

水入れが完了

Point

バケツから直接水を入れる方法

比較的レイアウトが崩れにくいものなら、ホースを使わずに手をクッションにして、バケツから直接水を入れることもOK。ただし、その際も丁寧に。

バケツの水を直接水槽に注ぎ入れる場合は、手を緩衝材の代わりにして丁寧に行う。

Step2 水草を植栽する

水草としてセレクトしたのは、アナカリス、カボンバ、マツモ、アマゾンフロッグビットの4種類。アナカリスやカボンバはメダカとの相性がいい水草だ。葉が密に生えているため、メダカが身を隠すのに調度よく、特にアナカリスは水質洗浄能力が高いという点もポイントだ。また、マツモとアマゾンフロッグビットは浮草で、レイアウトのアクセントとしてはもちろん、メダカの産卵床にもなるのでおすすめだ。

用意するもの

1 左奥側にアナカリスを植える。ロングピンセットで茎の根元をしっかりつまみ、砂利の中に静かに埋め込むように。

アナカリスを植える

2 アナカリスの手前にカボンバを植える。

カボンバを植える

3 左奥側に背の高いアナカリス、その手前にカボンバを配置。水草もそれぞれの高さを考えながらバランスをとろう。

上から見た水草配置

Point

水草は奥から手前の順に植えていく

石や流木などと同様に、水草も奥から手前の順に植える。水草同士は適度に距離を離し、光が行き届くようにすることで、キレイに生長してくれる。

4

右側に浮き草（マツモとアマゾンフロッグビット）を浮かべる。

浮き草を入れる

5

右奥側にマツモ、その手前にアマゾンフロッグビットを配置。

上から見た水草配置

6

レイアウト完成後、水質が安定するまで2～3日待った後、水温合わせと水合わせを行ってから、メダカを水槽に入れる。30cm 水槽のような小さめの水槽なら、メダカの目安は10～15匹。メダカは跳ねるので、水槽のフタはしっかり閉めるようにしよう。

水槽に魚を入れる

LAYOUT 5

熱帯魚の代表格であるグッピー

グッピー水槽をはじめよう

これから熱帯魚飼育を始めるならグッピーからがオススメ

熱帯魚の代表格ともいえるグッピー。そのカラフルな魚体や大きなヒレなど、見た目の美しさもさることながら、うまく育てられれば、魚体の発色が良くなったり、繁殖をしたりと、熱帯魚飼育の醍醐味が存分に詰まっているのもグッピーの魅力だ。

熱帯魚飼育の基本が詰まったグッピーだけに、これから熱帯魚飼育を始める人にはオススメ。ただし、購入前におさえておきたいポイントとして、国内産のグッピーと輸入もののグッピーの違いがある。国内産のグッピーの場合、繁殖で生まれてくる子どものグッピーもきれいな色が出ることが多いが、輸入ものでは色が出ないことが多い。また、輸入ものは、もともとの飼育環境によってはウイルスを持った個体であることもあり、すぐに死んでしまうということも少なくない。グッピーに限ったことではないが、国内産の魚の方が輸入ものより値段が高いというのは、そういった理由があることを覚えておこう。

水槽レイアウト全景

■水槽：幅32.5×奥行き18.5×高さ26.0cm（ろ過槽含む）■水草：スクリューバリスネリア、アメリカンスプライト、アンブリア、カルダミネ リラタ、ピグミーチェーンサジタリア、スタウロギネ レペンス　水温：24.5°C ■pH:7.5　■生体：ブルーグラス、ドイツイエロータキシード、フルブラック　■底床：魚にやさしい天然砂（ジェックス）

使用機材

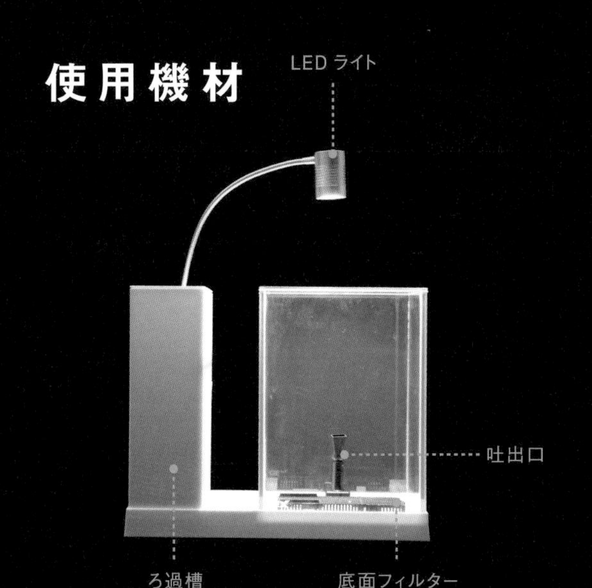

水槽のAQUA-U（ジェックス）は、タワー型のろ過槽と水槽内で水を循環するため、ヒーターなどの機材をタワー内に格納できる。

水槽付属の
底面フィルター

100ワットのヒーター

Step1 水槽の土台を作る

1 ろ材を準備する

ろ材として、パワーハウス カスタムイン100（ソフトタイプ）と活性炭のブラックホールミニを用意。

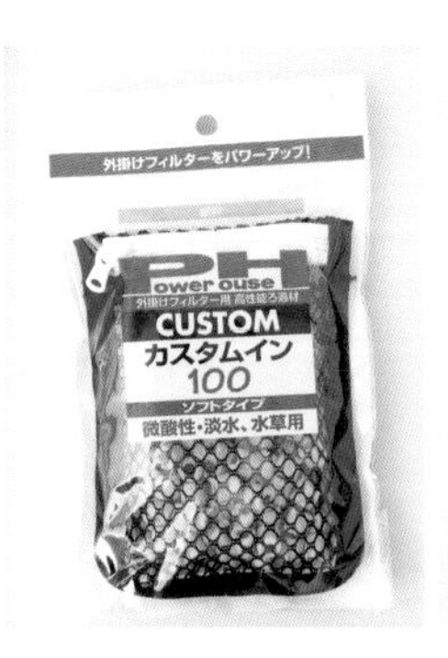

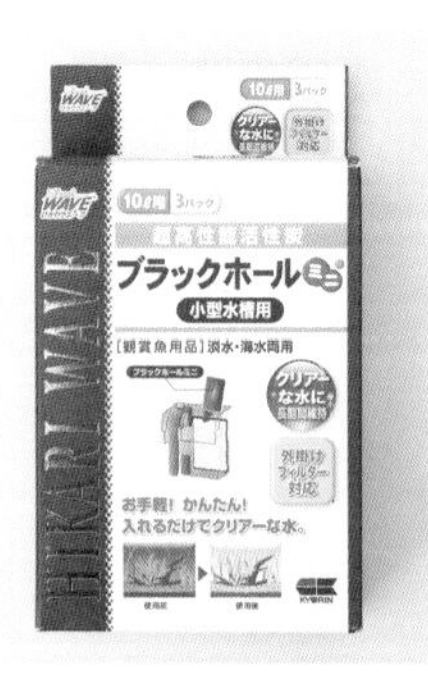

2 ろ材をセットする

タワー型のろ過槽内にヒーターとろ材、活性炭、水温計を格納するようにセットする。ヒーターと水温計は離して取り付けるように注意しよう。

3 砂利を入れる

水槽内に砂利（魚にやさしい天然砂）を入れる。砂利の量は水槽の底に厚さ1cmになる程度が目安。

4 砂利をならす

水槽に砂利を入れたら、砂利を平らにならす。

5 石を準備する

レイアウトする石を準備する。今回は赤みがかった色味が特徴の紅木化石を用意した。

6 石を配置する

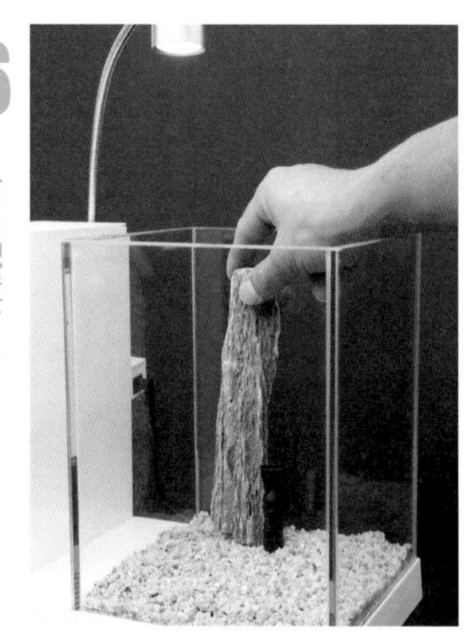

水槽内の左奥に一番背の高い紅木化石を配置する。

7

石を配置する

バランスを考えながら、紅木化石の位置を決める。ある程度の配置が決まったら、それぞれ微調整して配置を決定する。

Point

大きな石から配置していこう

石をレイアウトする際には、一番大きな石、あるいは背の高い石から配置していくとバランスをとりやすい。奥に背の高いものを配置するのは水草と同じ。

8

石の配置が決定

石の配置と角度が決まったら、砂利に埋めて固定する。高すぎる場合は、砂利に深く埋めて低くするなどの調整もここで行う。これで土台のレイアウトが完成。

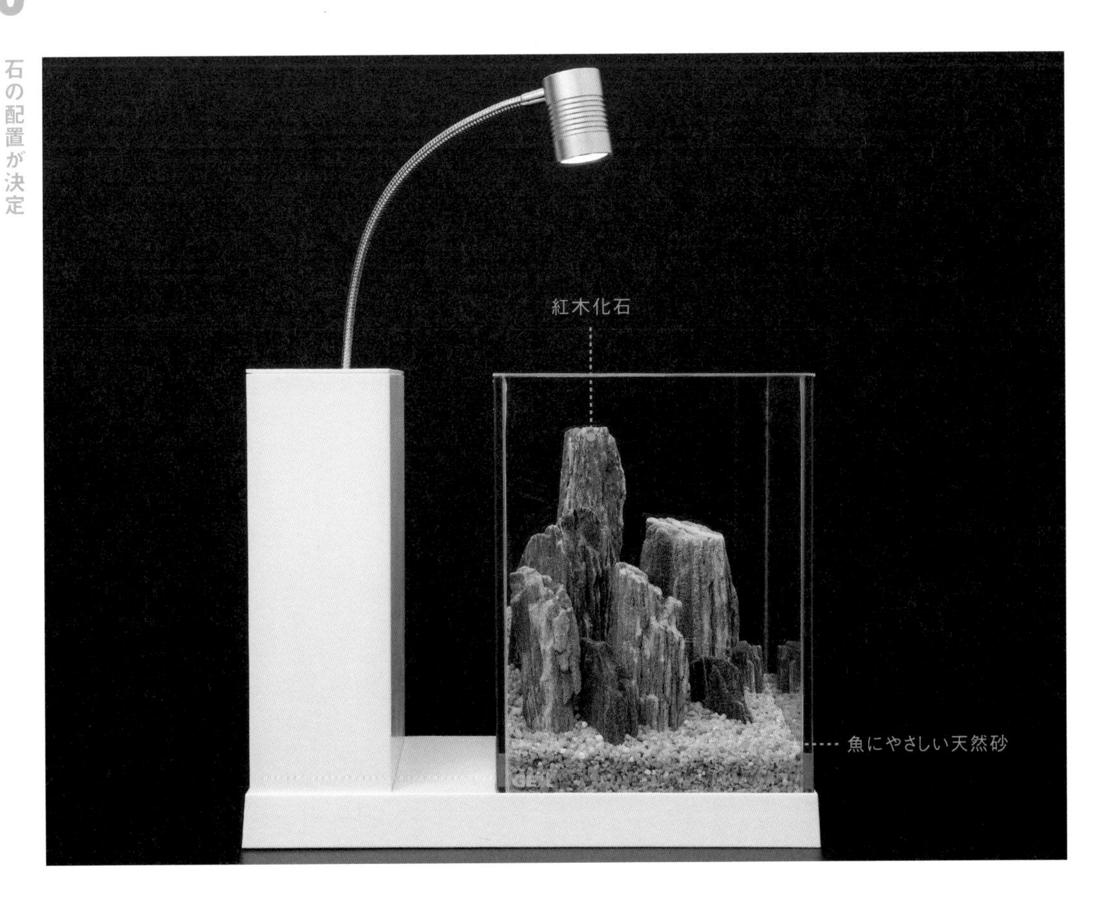

Step2 水草を植える

1

水槽に水を入れる

水槽内に水を入れる。レイアウトが崩れないように、綿などを緩衝材に利用して行う。この後、水草を植えるため、水量は8割程度にする。

2

水槽に水を入れる

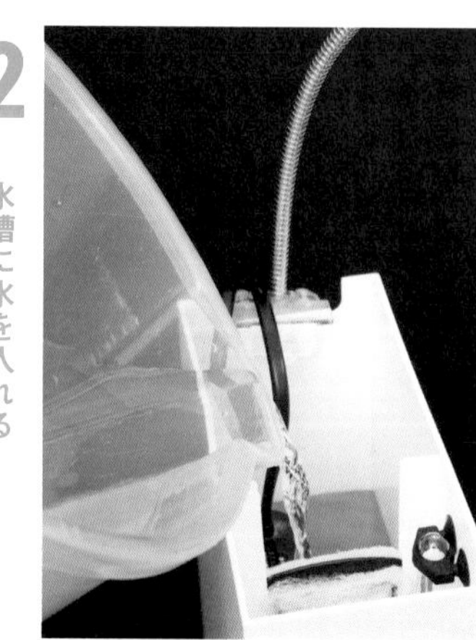

今回のタイプのような水槽の場合、ろ過槽のタワー内に水を入れることで、レイアウト崩れ防止にもなる。

3

水草を準備する

水槽の一番左奥に植えるスクリューバリスネリア。

4

水草を準備する

スクリューバリスネリアの手前に植えるアメリカンスプライト。

5

水草を準備する

アメリカンスプライトの手前に植えるアンブリア。高さを変え、高いものは奥に、低いものは手前に植える。

6

水草を準備する

アンブリアの手前に植えるカルダミネ リラタ。

7

水槽の左手前付近に植えるピグミーチェーンサジタリア。

水草を準備する

8

水槽の右手前付近に植えるスタウロギネ レペンス。

水草を準備する

9

6種類の水草を水槽の左奥側から手前に向かって、スクリューバリスネリア、アメリカンスプライト、アンブリア、カルダミネ リラタ、ピグミーチェーンサジタリア、スタウロギネ レペンスの順に植えれば水草のレイアウトは完成する。

水草を植える

LAYOUT 6

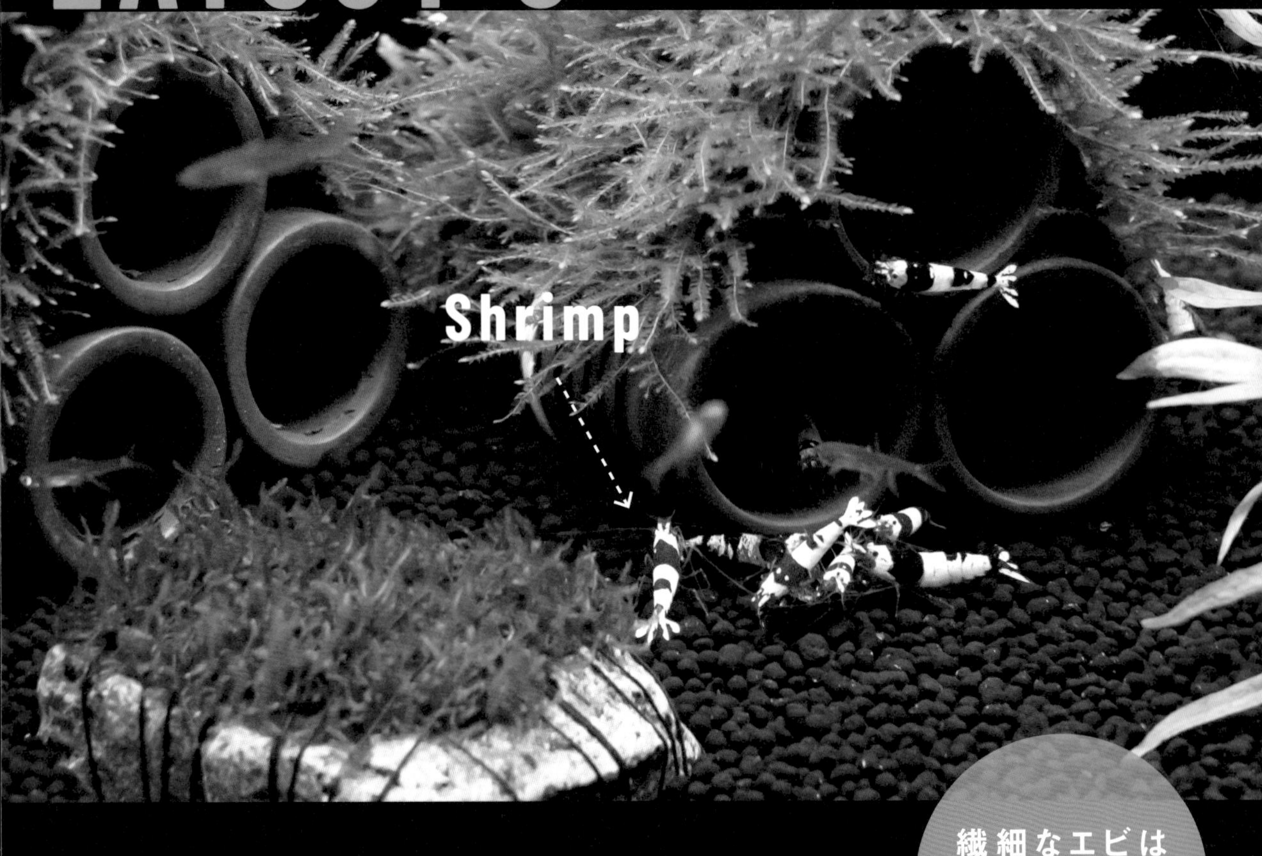

繊細なエビは
水質管理が
重要

エビ水槽をはじめよう

デリケートなエビは水質の安定を重視して水槽を仕上げる!

アクアリウムの中でも高い人気を誇るのがエビの飼育。中でもレッドビーシュリンプは、鮮やかな赤と白のバンド模様が特徴で、その発色具合や模様によって高値で取り引きされることもあり､ブリーダーも多く存在するほど。ただ､レッドビーシュリンプは水質変化にとても敏感でデリケートな生体で、飼育の難易度はやや高く、初心者向けではない。だからこそ、レッドビーシュリンプを育てることができれば一人前のアクアリストだ。ましてや、繁殖が成功した時の喜びはひとしおだ。

難易度が高いとは言っても、アクアリウムの基本ができていれば心配することはない。ここではエビ水槽のレイアウトとメンテナンスの方法を紹介する。レッドビーシュリンプを飼育するために必要な水質環境を構築するための使用機材や水草のセレクト、そして定期的な正しいメンテナンスをおさえれば、初めてでも失敗することなく、憧れのエビ水槽を手に入れることができるはずだ。

水槽レイアウト全景

45cm 水槽

■水槽：幅46.0×奥行き25.5×高さ25.7cm ■水草：ミクロソリウム・トライデント、ウィローモス ■水温：23° C ■pH：6.8 ■生体：レッドビーシュリンプ、ブラックビーシュリンプ、ラスボラ ブリジッタエ ■底床：シュリンプ一番サンド（ジェックス）

使用機材

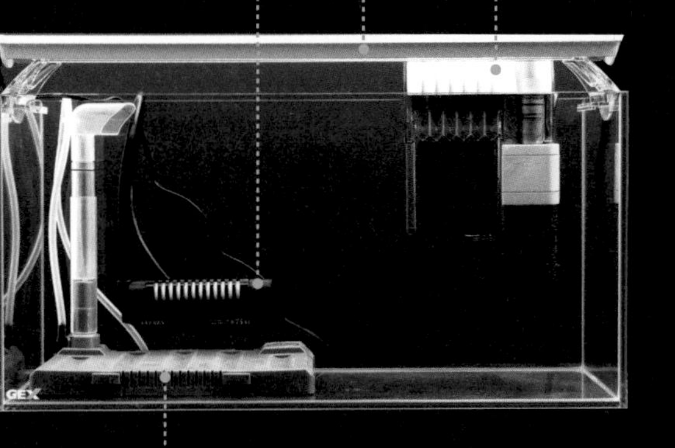

水質管理がシビアなエビ水槽は、底面式フィルターに加え、外掛け式フィルターを追加することで、ろ過機能を高めている。

クリア LED PG 450（ジェックス）

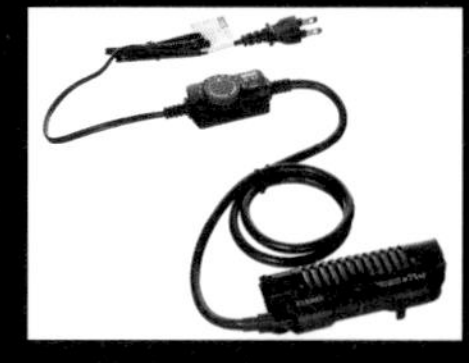

オートヒーター ダイヤル ブリッジ R75AF（エヴァリス）

オートワンタッチフィルター AT-30（テトラ）

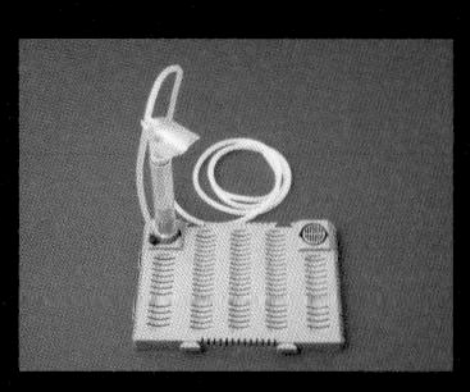

ボトムインフィルター 300（寿工芸）

Step1 水槽の土台を作る

エビ水槽をレイアウトする前段階として、水質環境の土台となるシステムを構築していく。まず、とてもデリケートなエビのために、フィルターは底面式と外掛け式の2種類を用意し、ろ過機能を高めている。また、ソイルもろ材の役割を果たすので、通常より多めに入れるのがポイント。もちろん、水質の影響を受けやすいエビには水槽サイズも重要で、なるべく小さいものは避け、最低45cmのものを用意しよう。

まずは土台のセットから

1

まずは水槽に底面式フィルター、外掛け式フィルター、ヒーターをセットする。

使用機材を設置する

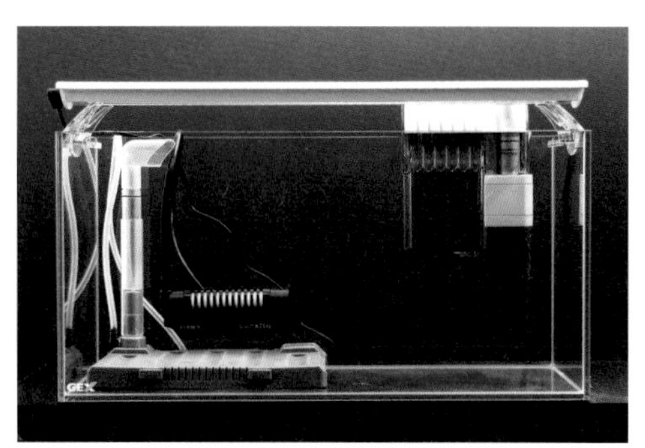

2

外掛け式フィルターにろ材をセットする。ろ材にはブラックホールミニとパワーハウス カスタムイン50（ソフトタイプ）をセレクト。

ろ材をセットする

3

水槽にソイルを入れる。ソイルは砂利と違って水洗いせずに入れる。

ソイルを入れる

4

エビの場合、ソイルもろ材の役割を担うので、多めに入れる。手前3cm、後ろ5cm程度の高さが目安。ソイルは平らにならしておく。

ソイルを平らにならす

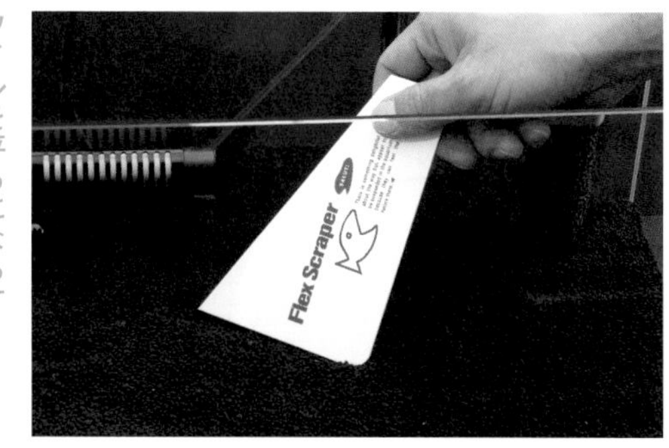

Step2 レイアウト素材を準備する

用意するもの

エビ水槽のレイアウトには、流木や小石、土管を素材に使用している。流木や小石にはウィローモスを糸（モスコットン）で巻き付けてからレイアウト。モスコットンはウィローモスが活着後、自然と水に溶けてなくなるので扱いやすい。素材に活着したモスがレイアウトをナチュラルな雰囲気に仕上げてくれる。苔付きの土管は、エビの隠れ家にもなり、ショップで手に入るのでおすすめの素材だ。

流木　小石　ウィローモス
モスコットン（ADA）　ミクロソリウム トライデント　苔付きの土管

1

流木に糸（モスコットン）を固結びして始点を作り、ウィローモスを糸で巻き付けていく。

巻き付け終わったら、また糸を固結びして固定する。ウィローモスは自然と流木に活着し、モスコットンは最終的にほつれて溶ける。

流木にモスを巻き付ける

2

同じように、小石にもウィローモスを巻き付ける。珊瑚石や石灰系の石などは、水質を変化（硬く）させてしまうので避けよう。

小石にモスを巻き付ける

Point

ウィローモスは育つスペースを考慮

流木や小石にウィローモスを巻き付ける際は、育つスペースを与えるために、薄めに巻き付けるのがポイント。また、ライトが当たる側に巻き付けよう。

Step3 レイアウトをする

1

ウィローモスを巻き付けた流木を水槽の中に配置する。根元を少しソイルに埋め込むようにして固定する。

流木を配置する

2

流木の配置が固まったら、その他のレイアウトを進める。レイアウトは、流木、ミクロソリウム、土管、小石の順（大→小）に行うとやりやすい。

レイアウトを進める

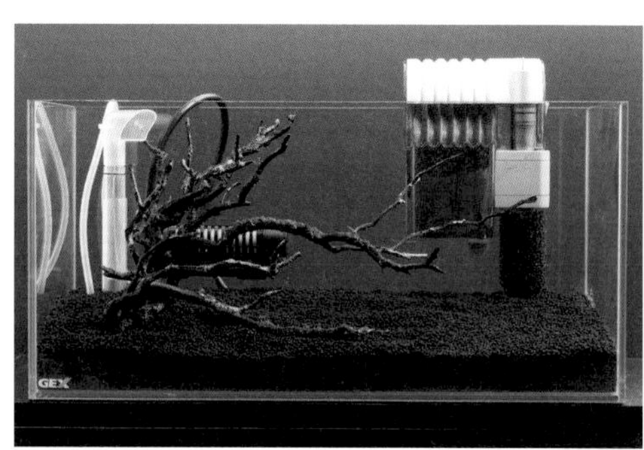

3

エビ水槽のレイアウトは、エビが裏に隠れてしまわないように細めの枝状流木を使用している。ただし、エビの繁殖のためには、隠れ家となるスペースを作ってあげることも重要で、今回は土管をレイアウトに使っている。

レイアウトが完成

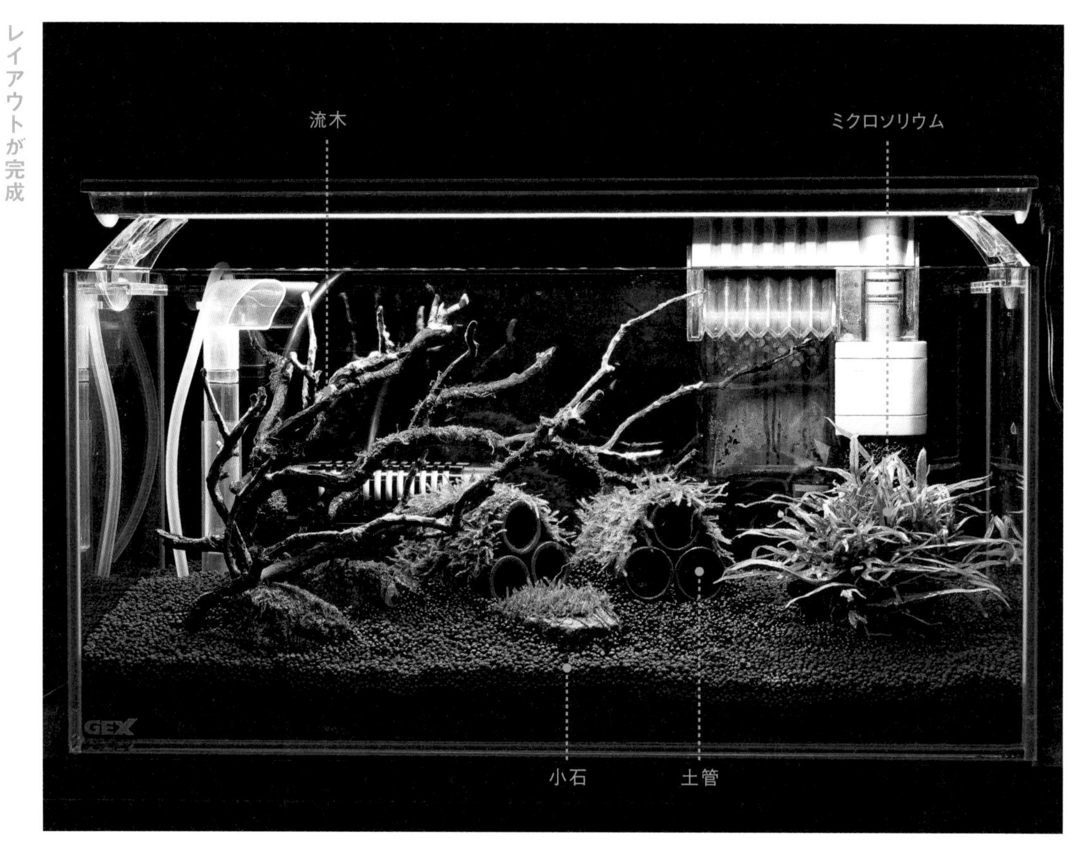

Step4 水と生体を入れる

1

ソイルを霧吹きで湿らせてから、水槽に水を入れる。レイアウトが崩れないように、綿やキッチンペーパーを緩衝材にして丁寧に水を入れる。

水槽に水を入れる

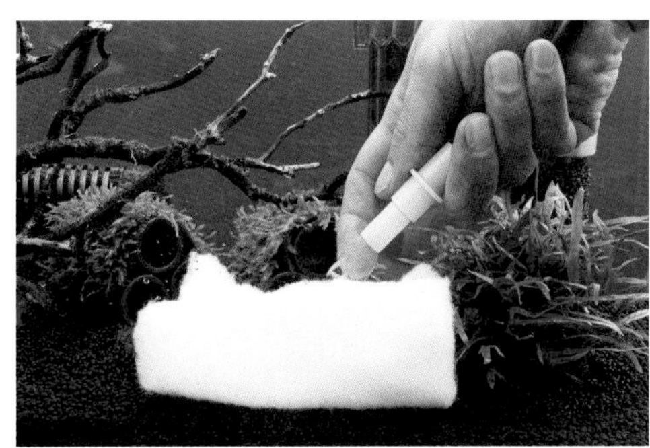

2

水を入れる量は約16ℓが目安。その後、1週間ほど水を循環させて水質を安定させてから、生体を入れる。

水質の安定を待つ

3

エビを入れたビニール袋を10～20分程度、水槽に浮かべて水温を合わせた後、水槽の水を少しずつエビの袋に入れて水合わせをする。

水合わせは3回に分けて行う。1回目の水量は点滴で、2回目は細い線で、3回目は全開で行う（1、2回目は3分の2の水を水槽に戻す）。

水合わせをする

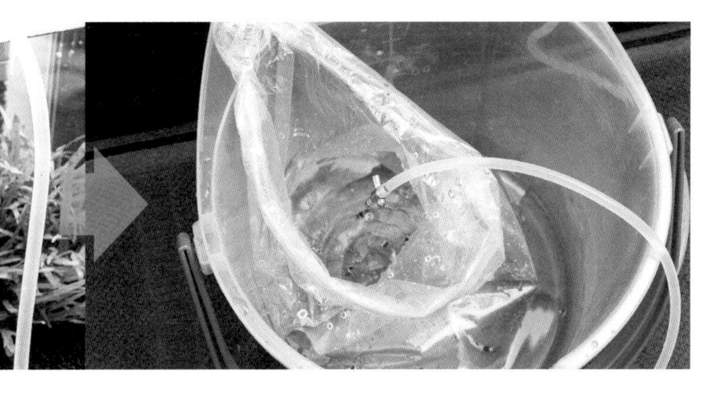

4

45cm水槽ならエビは15～30匹程度が目安。今回一緒に入れた魚はラスボラ ブリジッタエ（30匹）。エビの骨格形成に必要なミネラルが溶け出すモンモリロナイトも入れた。

水槽に生体を入れる

モンモリロナイト

Step5 水槽のメンテナンス

アクアリウムを楽しむ上で、メンテナンス作業はレイアウト以上に重要なもの。水質変化に弱い水中生物にとって、水槽内の環境をキープしていかなければならない。とはいえ、正しいやり方で行わないと、逆にストレスを与えてしまう場合がある。ここでは、正しいメンテナンスを詳しく紹介。月に2～3回の定期的なメンテナンスで、水槽をキレイにしておくことが生体を丈夫にするための秘訣だ。

設置から3週間後の水槽

1

まずは水槽外のメンテナンス。水槽のフタはふきんなどを使ってキレイに汚れを拭き取る。

水槽のフタを拭く

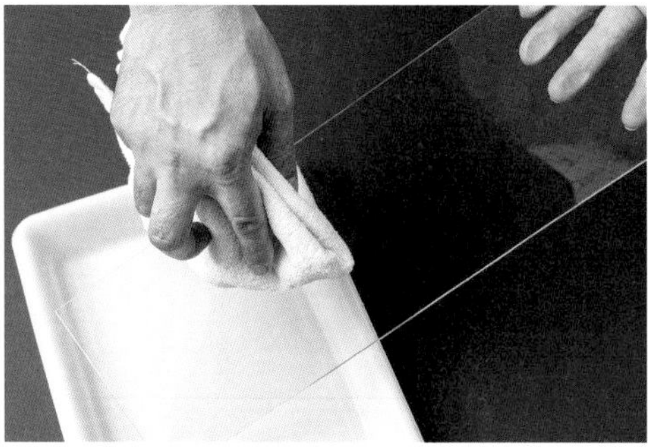

2

フタがない水槽の場合は、ライトが汚れの影響で光量が落ちてしまう。メンテナンス時には必ずふきんなどで汚れを拭き取ろう。

ライトを拭く

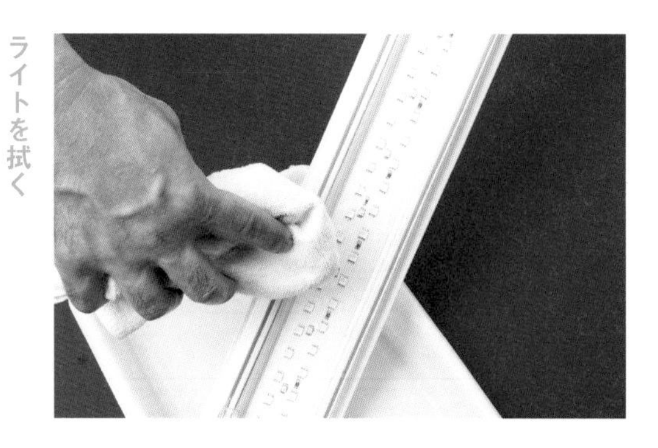

3

ミクロソリウムは葉が増えすぎると根元の水流が滞り、シダ病にかかりやすくなるため、古い葉や大きな葉を根元からカットする。

水草のトリミング

4

ウィローモスは一端バケツの水中で揺さぶり、汚れを落としてから、全体を短く刈り込む。

一端汚れを落とす

5 トリミングのコツ

伸びたウィローモスはバケツ内で逆さに揺さぶってから取り出すことで、ウィローモスを逆立てることができ、カットしやすくなる。

6 根元を残してカット

根元を残して全体を大きく刈り込む。7～8割程度の長さをカットするのが目安。

7 ビフォーアフター

3週間たってかなり伸びた状態から、トリミングを行うとかなりスッキリした状態になる。

この作業をしないと、活着している根元のウィローモスに光が当たらず、最終的に土管からはずれてしまう。

8 機材の電源をオフにする

次は水槽内のメンテナンス。その前にヒーターやフィルターなどの電源を切っておく（水位が下がることで空回りや故障の原因になるため）。

Point

エビ水槽に有茎草を使わない理由

有茎草はメンテナンスでソイルから抜く際に、アンモニアなどを発生させてしまう。デリケートなエビに影響を与えないためにも避けるのがベターだ。

Step5 水槽のメンテナンス

9 水槽内や機材の汚れを落とすために、歯ブラシ等とメラミンスポンジを用意しよう。

使用する掃除道具

10 フィルターの細かい部分は歯ブラシ等を使って、丁寧に汚れを落とす。

フィルターの清掃

11 ヒーターの表面などもメラミンスポンジを使って汚れを落とす。ヒーターを掃除する場合は、必ず電源を切っておくこと。

ヒーターの清掃

12 水槽内をメラミンスポンジを使って、丁寧に汚れを落としていく。

水槽の内壁の清掃

13 ソイルにたまった汚れを落とすためには、砂利クリーナーが便利でオススメ。

ソイルの清掃

14 砂利クリーナーをソイルに埋め込んでセットし、汚れを吸い出す。

クリーナーをセット

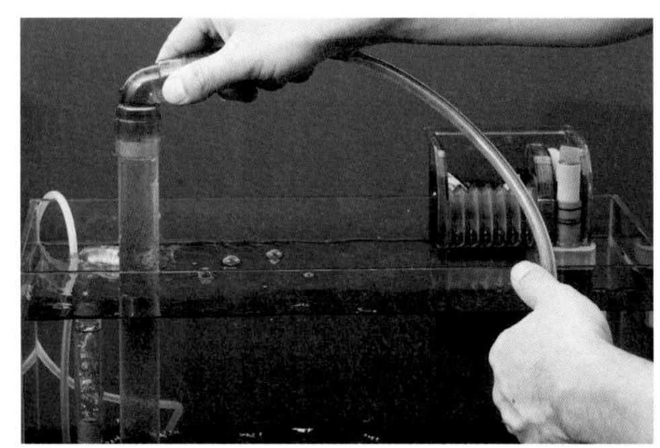

15

砂利クリーナーは汚れとともに水も吸い込むため、一度に全体を掃除するのではなく、1回のメンテナンスで4分の1程度にとどめる。

何度かに分けて行う

16

フィルターのスポンジ部分は、バケツに水をはって、水中でもみ洗いをした方が汚れが落ちやすい。

スポンジの清掃

17

取り外したヒーターなどを水槽内に再度設置し、トリミングした水草などを元に戻す。

レイアウトを戻す

18

先ほど砂利クリーナーで減った分の水をたす。その際、たし水を入れるスピードは極力ゆっくりした方が生体にやさしい。

水換えを行う

19

使用機材の電源を入れて終了。底面式フィルターのパワーを最大限発揮させるために、排出口の高さを水面に合わせ、向きは水槽の対角にする。

機材の電源を入れる

Point

メンテナンスは月に2〜3回

メンテナンスは1カ月に2〜3回、定期的に行うことが重要。「久しぶりにメンテするか！」はNG。急激な変化に生体が耐えられない。

Step5 水槽のメンテナンス

設置から3週間たった水槽内は、水草がかなり生長した状態で、水槽内のガラス面やフィルター、ヒーターなどの汚れも目立つ状態に。メンテナンスを施すことで、水質もキレイになり、レイアウトもスッキリした印象になった。

PART 3

中・大型水槽のレイアウト

AQUARIUM

LAYOUT 7

様々な模様が
楽しめる
プレコ水槽

プレコ水槽をはじめよう

プレコのふるさとであるアマゾン川をイメージする

ナマズの仲間であるプレコは、アマゾン川を中心に南アメリカ大陸で広範囲に分布している。大型の品種は体長1mほどに達するものもあるが、小型の品種は体長10cm程度。魚体の色や模様で様々な種類があるため、愛好家も数多く存在する。他の水槽でも言えることだが、プレコ水槽でもっとも注意しなければいけないのが水質管理。プレコはよく食べ、よく排泄するため、水を汚しがちだ。そのため、パワーのあるフィルターを設置するのがポイント。ここで紹介する水槽では、高いろ過性能が特徴の上部式フィルターをセレクトしている。

レイアウトではプレコ同士の縄張り争いを緩和させるためにも、巣穴や隠れ家となるシェルタクラフタを使用。水草はプレコが食べてしまうため、アヌビアスを水槽上部に少なめにしている。また、ソイルのミネラルを飼育水に溶け込ませることで、プレコが生息する川の水質に近づけるため、ソイルをフィルター内に設置している。

水槽レイアウト全景

■水槽：幅60.0×奥行き30.0×高さ36.0cm　■水草：アヌビアス ナナ、アヌビアス ナナゴールデン　■水温：26.5°C　■pH：7.5
■生体：低層／プレコ（ロイヤルプレコ、グリーンロイヤルプレコ、イエロースポットスターペコルティア、ガットタイガープレコ、ヒパンキストルスプレコ、オレンジフィンカイザープレコ、ホワイトスポットブッシープレコなど）　中層／レモンテトラ、チェッカーボードシクリッド、ラミーノーズテトラ
■底砂：麦飯ジャリ

使用機材

上部式フィルター

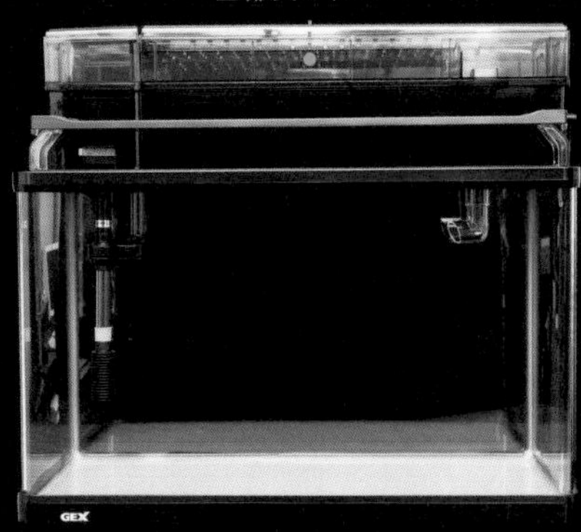

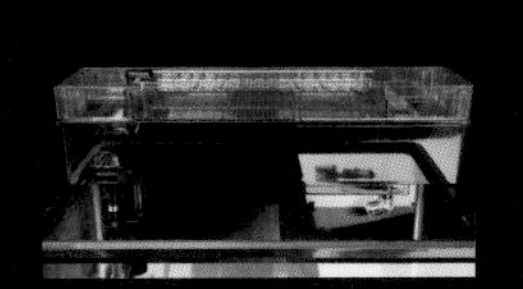

グランデカスタム 600

ヒーター（150W）

ヒーターサーモ（150W）

ピカコンくん

魚の数にもよるが、ろ過機能をパワーアップさせるため、上部式フィルターの他に外部式フィルターを追加することも検討してもよい。

Step1　上部式フィルターをセットする

プレコ水槽にとって、フィルターのろ過性能は重要なポイント。面積が大きく、その分ろ過能力の高い上部式フィルターを設置する。上部式フィルターの「グランデカスタム600」は2段構造になっており、上段には活性炭の「ひかりウェーブブラックホール」を入れ、下段には「パワーハウスMハードタイプ」を入れている。また、水質コントロール用にソイルをミネラルとして利用している。

用意するろ材

パワーハウスM
ハードタイプ

ひかりウェーブ
ブラックホール

1　ろ材をセットする

使用する上部式フィルターは2段構造になっているので、まずは下段部分のろ過槽に、ろ材（パワーハウスMハードタイプ）を入れる。

2　ろ材をセットする

ろ材の量は2ℓが目安。

3　ソイルをネットに入れる

ソイルのミネラルを飼育水に溶け込ませて、プレコが好む水質にするため、水切りネットにソイルを入れる。

4　ネットの口を結ぶ

ソイルを入れたら、水切りネットを2重にして、固結びで口を縛る。

5 ソイルネットを設置

ミネラルとして使用するソイルを入れた水切りネットを、右側のバスケット内にセットする。

6 下段のろ材完成

ろ材とソイルを1段目のろ過槽にセットしたら、その上にすのこをセットする。

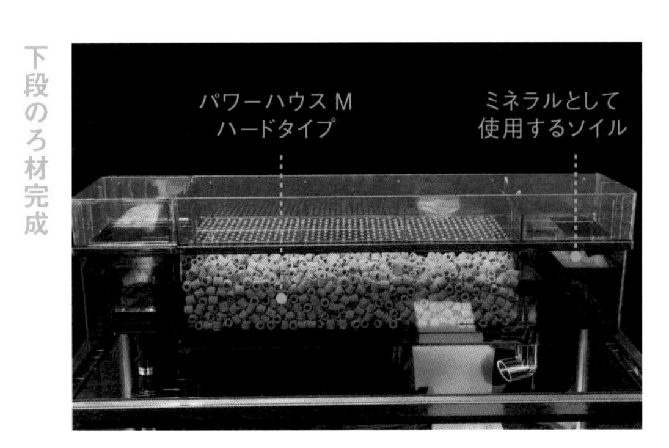

7 活性炭を設置

上段部分のろ過槽には、活性炭（ひかりウェーブブラックホール）を軽くゆすいでから2つ並べてのせる。

8 ろ過マットを設置

活性炭の上にろ過マットをのせる。

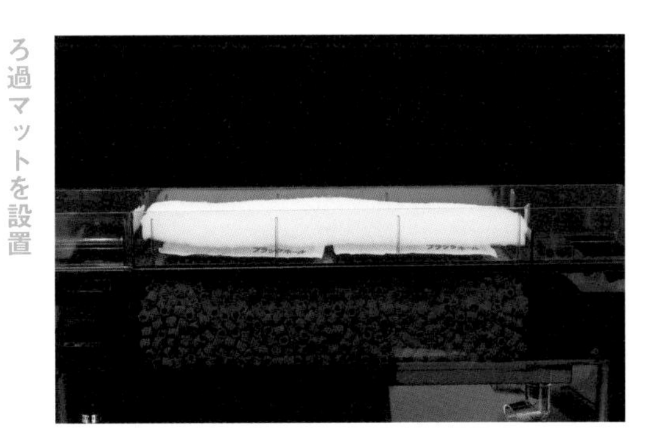

9 上段のろ材完成

上段のろ過槽に活性炭とろ過マットをセットしたら、フタを閉めて上部式フィルターは完成。

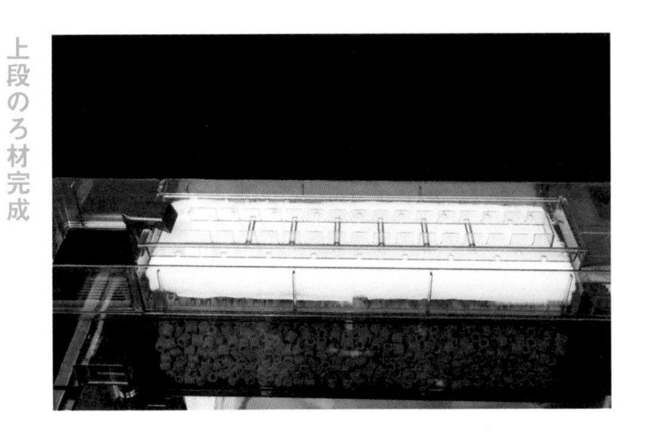

Point

魚が実際に生息する環境を意識しよう

アクアリウムのレイアウトは、魚が実際に生息している環境を考えることが大切。それによって、水槽にリアルな雰囲気を出せ、魚も暮らしやすくなる。

Step2 水槽をレイアウトする

食欲旺盛なプレコは、コケを食べてくれるのは助かるのだが、せっかくきれいにレイアウトした水草も食べてしまう。なので、水草は極力レイアウトには使用せず、シェルタクラフタと黄虎石、流木の３つを使って作成する。なかでも、プレコ水槽らしく演出できるのが、シェルタクラフタ。流木などとの相性も良く、全体を独特な雰囲気に仕上げてくれる。また、プレコの隠れ家としての機能も持ち合わせる。

用意するもの

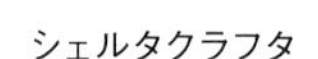

シェルタクラフタ

黄虎石

1

エアレーション、水中LEDライトなどの上部フィルター以外の機材も設置する。

使用機材を設置する

2

黄虎石をバランスよく配置し、その上にシェルタクラフタをレイアウト。シェルタクラフタの上に来るように流木を配置する。

レイアウトする

3

バランスを見ながら、流木を追加する。流木どうしは崩れないように、瞬間接着剤で固定しておく。

レイアウトする

Point

流木や石の顔（正面）を見定める！

流木や石はどこから見るかによって、表情が大きく変わる。レイアウトする時は、最適な向きと角度を見定めてからレイアウトしていこう。

4

レイアウトのベースをしっかりさせるため、前面に砂利（麦飯ジャリ）を入れる。砂利は入れる前に洗ったものを使用する。

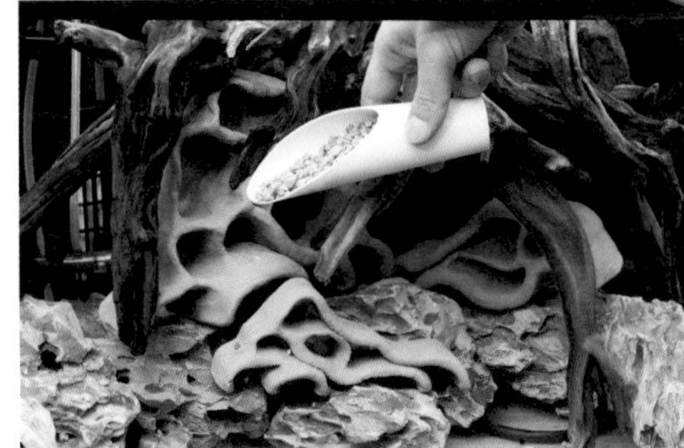

5

砂利をバランスよくならす。

砂利をならす

6

これでベースのレイアウトが完成。プレコの巣穴としてセレクトしたシェルタクラフタを、流木によって全体に馴染ませることができる。

ベースのレイアウト完成

Step3 水草と生体を入れる

ベースのレイアウトが完成したら、水槽に水を入れ、水草のアヌビアス ナナとアヌビアス ナナゴールデンを流木に固定しレイアウトは完成。その後、水合わせをしてから魚を入れていくが、プレコは低層で暮らすため、レモンテトラといったカラシン科の魚を中層の賑わいを演出するために入れる。また、プレコの数を増やす場合には、上部式フィルター以外に外部式フィルターや水中式フィルターを追加したい。

1 水槽に水を入れる

水槽に水を入れる。その後、上部式フィルターの電源を入れ、ろ過システムがしっかり動いているか確認する。

2 機材の電源を入れる

その他の機材の電源を入れる。水中 LED ライトは夜間の魚の行動観察にも便利。

3 水草をレイアウト

水草（アヌビアス ナナとアヌビアス ナナゴールデン）を左右の流木に固定する。これですべてのレイアウトが完成。

4 魚の水合わせをする

レイアウト完成後、水質が安定するまで 7～10 日程度、水槽の水を循環させた後、魚を水槽に入れるため、水合わせを行う。

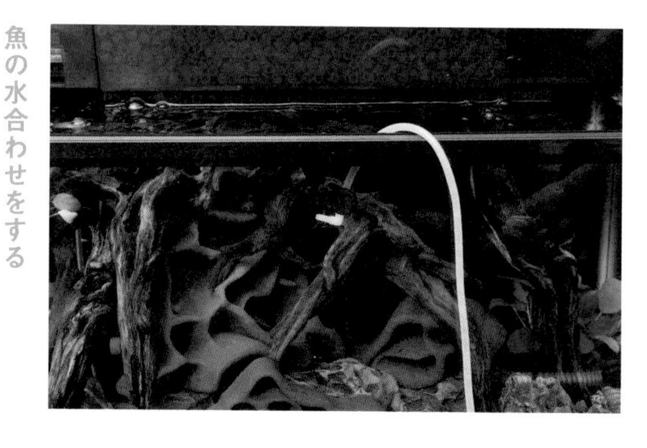

5

ビニール袋に入った魚に時間をかけて水槽内の水を注入し、水を合わせる。水槽には一度に多くの魚を入れず、1週間おきに増やすのが目安。

魚の水合わせをする

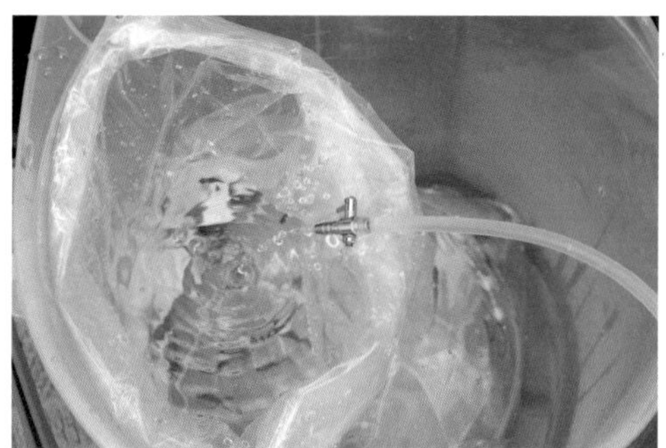

6

水を合わせたら、水槽内にビニール袋のまま魚を入れ、水温を合わせる。

魚の水温合わせをする

7

底物のプレコは水槽の底面に常にいる状態になるため、レモンテトラやラミーノーズテトラなどを中層の賑わいとして入れている。プレコが本来生息する場所にはカラシン科の魚が多いということもあり、見た目の相性がいい。たまにおやつとしてジャガイモの輪切りやキュウリのスライスをあげれば、プレコが喜ぶかも。

水槽全景

LAYOUT 8

水槽レイアウト全景

60cm
水槽

■水槽：幅60.0×奥行き30.0×高さ36.0cm　■水草：ウィーピングモス、クリプトコリネ ルーケンス、エキノドルス ラチフォリウス、ホシクサsp.クチ、ベトナム ゴマノハグサ、クリプトコリネ バランサエ、グリーンロタラ、ニューラージ パールグラスなど　■水温：25.5°C　■pH：6.0　■生体：カージナルテトラなど　■底床：アクアソイル-アマゾニアノーマルタイプ（ADA）

使用機材

■CO2：大型 CO2 ボンベ
■フィルター：エーハイムクラシック 2215
■照明：ゼンスイマルチカラー LED600 × 2（計 2 個）
■ヒーター：ダイヤルブリッジ R150AF

穏やかなグラデーションで完成する美しい自然観

小型水槽でアクアリウムに慣れてきたら、ぜひ大型水槽にも挑戦してみよう。なかでも60cm 水槽ならそこまで大げさな設備も必要なく、一般的にも人気のサイズとなっている。

ここで紹介する水槽レイアウトのポイントは、鮮やかな緑と赤のグラデーション。強い緑は前景草のアクセントとして使用する程度に構成することで、穏やかなグラデーションが完成する。ここに色鮮やかな熱帯魚を入れることで、水草と美しい相乗効果を生み出す。

Step1 水草を準備する

今回の水槽で使用した水草は、写真で紹介している以外のウィーピングモス（1 カップ）、エキノドルス ラチフォリウム（10 株）を加え、全部で 18 種類。さまざまな水草を植えることで、美しい自然な水景になるとともに、色のグラデーションも楽しむことができる。

ボルビティス ヒュディロティ
（2 株）

ミクロソリウム トライデント
（1 ポット）

ブセファランドラ カタリーナ
（1 ポット）

クリプトコリネ バランサエ
（6 本）

クリプトコリネ ルーケンス
（5 本）

ブリクサ ショートリーフ
（7 本）

ロタラ ナンセアン
（35 本）

ロタラインジカ
（20本）

セイロンロタラ
（35本）

ロタラマクランドラグリーン
（7本）

グリーンロタラ
（15本）

ホシクサ sp. クチ
（4本）

ベトナムゴマノハグサ
（10本）

クリプトコリネ パルバ
（5株）

エキノドルス テネルス
ブロードリーフ（10株）

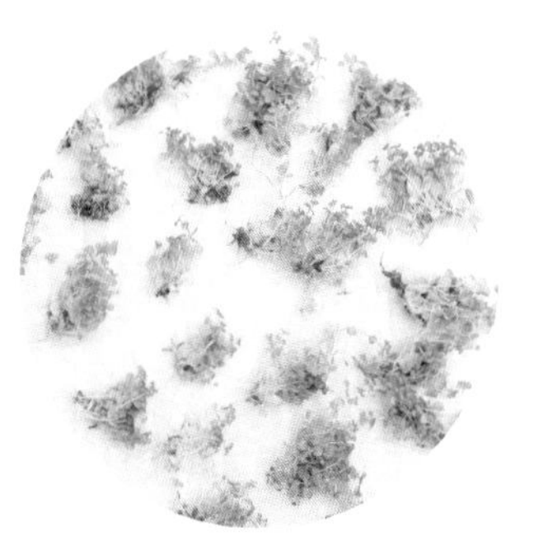

ニューラージ パールグラス
（1カップ）

Step2 ベースのレイアウト作成

1

水槽にソイルを敷き、流木と石をレイアウトした。ソイルは「アクアソイル-アマゾニアノーマルタイプ（ADA）」、石は青龍石を使用。

流木と石をレイアウト

2

横から見たソイルの傾斜

ソイルは水槽の奥側を高く、手前を低くして傾斜をつける。

3

流木を水槽の左右に、バランスを見ながら配置。流木の下に石をある程度密集させて並べている。

上から見た途中のレイアウト

4

機材を設置する

フィルターやヒーターなどの機材を水槽に設置する。

5

流木にウィローモスを活着

流木のところどころにウィローモスを接着材を使用して活着させる。

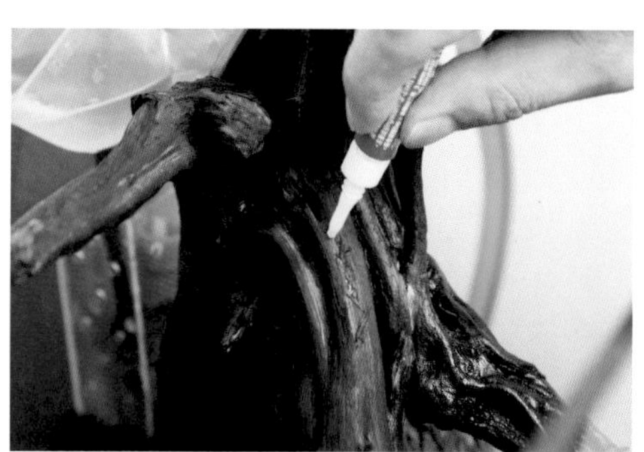

6

途中のレイアウト

流木にウィローモスを活着し終えた状態。バランスを見ながらウィローモスの位置を決めることで、より自然の雰囲気に近づけている。

Step2 ベースのレイアウト作成

7

流木にボルビティス ヒュディロティを活着させる。

流木に水草を活着させる

8

流木にウィーピングモスを活着させる。

流木に水草を活着させる

9

流木にミクロソリウム トライデントを活着させる。

流木に水草を活着させる

10

流木にブセファランドラ カタリーナを活着させる。

流木に水草を活着させる

アクアリウム専用のグルータイプの接着材（アクアスケーピンググルー）。水分で硬化するため、水槽内でしっかり活着させることができる。

Point

専用の接着材を用意しよう

モスや水草を流木や石に付けたり、流木同士を接着する際には、アクアリウム専用の接着材を使用するのがおすすめ。ゼリー状や液状タイプがある。

11

流木にボルビティス ヒュディロティ、ウィーピングモス、ミクロソリウム トライデント、ブセファランドラ カタリーナを活着し終えた状態。バランスを見ながら活着位置を決めるが、流木の影にならず、光が当たる部分に活着させるようにする。

途中のレイアウト

12

水草を植えるため、水槽に水を入れる。レイアウトを崩さないように綿などを緩衝材として使用する。

水槽に水を入れる

13

水の量は水槽の7～8割程度にしておくと、水草を植える作業がしやすい。

水槽に水を入れる

Step3 水草を植える

1 石のすき間などの細かいところでも植えられるようにピンセットを使って水草を植える。

2 石や流木の影になっても育ちやすいクリプトコリネ ルーケンスを植える。

水草を植える

3 渋めの色の水草をあえて使うことで、まわりの明るい水草を引き立ててくれる。

水草を植える

4 水槽の両脇の空いたスペースにはブリクサ ショートリーフなどを植える。

水草を植える

5 水槽の手前付近にはポイントとしてホシクサ sp. を植える。

水草を植える

Point

水草の生長を楽しもう

水草は日々生長し、レイアウトの印象も変わっていく。レイアウト作成時は、生長具合も考えながら、水草の配置や量などを決めていくようにする。

6

水草をすべて植え終えた状態。ここから水草の生長を待ってレイアウトが完成する。魚は、水質が安定するまで２週間ほど待ってから、何回かに分けて水槽に入れていく。

水質管理やメンテナンスを欠かさずに水草を生長させていけば、３カ月で写真のような状態となる。水草の成長とともに、自然の雰囲気がより際立ってくる。

LAYOUT 9

水槽レイアウト全景

90cm
水槽

Cardinal Tetra

スケール感を生かした豊かな自然

■水槽：幅90.0×奥行き45.0×高さ50.0cm　■水草：グロッソスティグマ、ホシクサsp.、スターレンジ、グリーンロタラ、ルドウィジア ニードルリーフ、アヌビアスナナ プチ、ポゴステモン バンビエン、ブリクサショートリーフ、オーストラリアンクローバー、アマゾンチドメグサ、ロタラナンセアン、ロタラインジカ、ウォーターウィステリア、クリプトコリネ バランサエ、クリプトコリネ ウンデュラータス ブラウン、ボルビティス ヒュディロティ、ロタラsp.Hra、ハイグロフィラ ピンナティフィダ、ミクロソリウム ナローリーフ、パールグラスなど　■水温：26°C　■pH:6.0　■生体：カージナルテトラ、コリドラス各種など　■底床：アクアソイル-アマゾニア ノーマルタイプ（ADA）、プラチナソイル（JUN）、パワーサンド・アドバンス（ADA）

使用機材

■CO2：大型CO2ボンベ
■フィルター：エーハイム クラシック2215、エーハイム クラシック2217（計2個）
■殺菌灯：ターボツイストZ 36W（カミハタ）
■照明：クリアLED POWER Ⅲ 900×2、クリアLED POWER X900×2（計4個）
■ヒーター：EVサーモスタット300-RD、マイクロセーフパワーヒーターCVL150×2

手間と時間がかかる90cmだがアクアリウムの醍醐味が味わえる

90cm水槽の魅力は何と言ってもそのスケール感。まるで自然の一部を切り取ったかのような圧倒的な迫力は、小型水槽では味わえないものだ。とはいえ、それだけ水槽のレイアウトも立ち上げも手間と時間がかかるのも事実。ただ、一度水質が安定すれば、水質変化が起こりにくく、水草にも生体にも最高の環境となる。水草の色は瑞々しく、カージナルテトラの体色も艶が出て、その相乗効果も楽しめる。いずれは挑戦したいサイズだ。

Step1 水槽の土台を作る

1

プラチナソイル（約8ℓ）を入れる。

底床を入れる

2

底床用の肥料を入れる。ここではバクターボール（ADA）とボトムプラス（ADA）を使用している。

肥料を入れる

3

パワーサンド･アドバンス（約2.5ℓ）を入れる。

底床を入れる

4

パワーサンド・アドバンス（約2.5ℓ）は全体ではなく、手前側に敷く。

底床を入れる

5

最後にアクアソイル - アマゾニア ノーマルタイプ（約18ℓ）を入れる。

底床を入れる

6

底床の高さは左奥と右奥を高くしている。

底床に凹凸をつける

7

流木と石をバランスを取りながら配置する。一番大きな流木を水槽奥に配置するのがポイント。石は青龍石を使用している。

流木と石をレイアウト

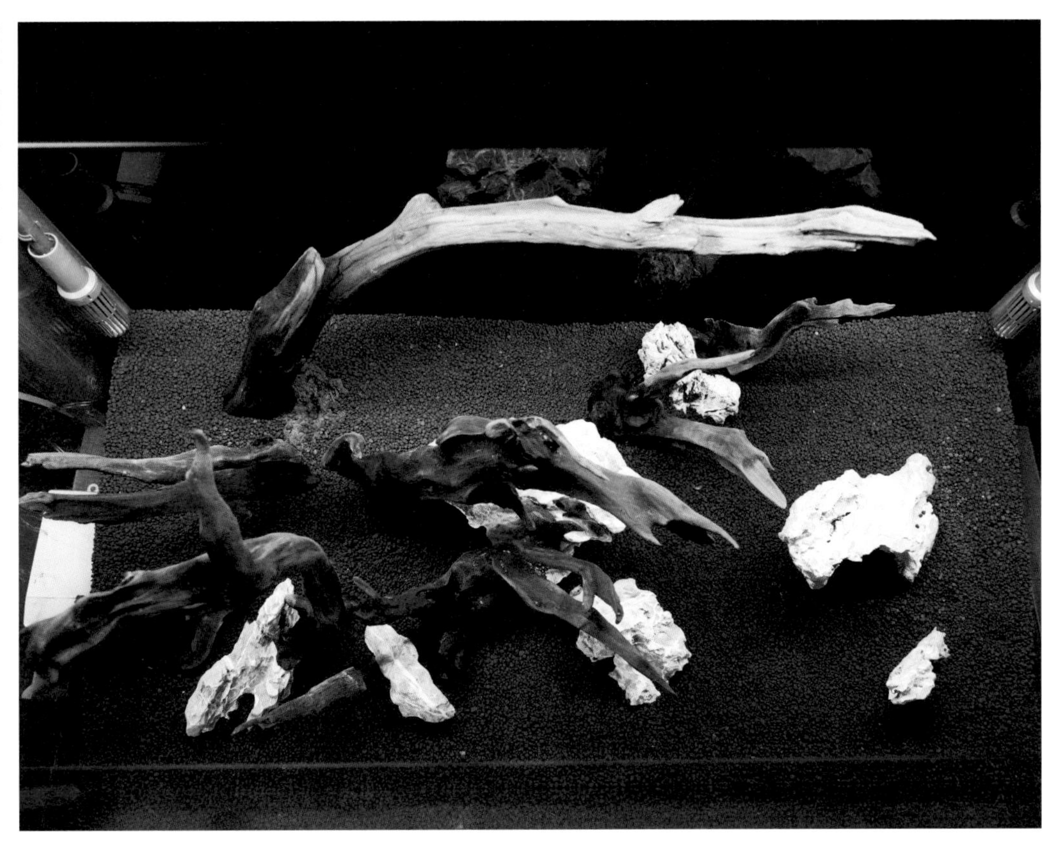

8

正面から見たレイアウト。流木は全体に散らさずに、左側にまとめることで、全体のバランスが整う。

流木と石をレイアウト

9

ヒーターやエアーポンプ、フィルターなどの機材を設置する。

機材を設置する

Step2 水草を植栽する

1

ベースのレイアウトを確認しながら、どこに水草を植えていくかをイメージする。

水草の配置を考える

2

流木の先端付近にミクロソリウム ナローリーフを接着剤を使って活着していく。

水草を植栽する

3

ミクロソリウム ナローリーフを流木に活着し終わった状態。

途中のレイアウト

4

水草を植栽する

ミクロソリウム ナローリーフやボルビティス ヒュディロティなどを流木の幹部分に接着材を使って活着していく。

5

途中のレイアウト

ミクロソリウム ナローリーフやボルビティス ヒュディロティなどを流木に活着し終わった状態。

6

上から見た途中のレイアウト

流木にミクロソリウム ナローリーフやボルビティス ヒュディロティなどを活着した状態。
この後、水草を底床に植えていくため、水を水槽に入れる。

Step2 水草を植栽する

7

水槽奥には背の高いグリーンロタラなどの水草を植え、ロタラ sp.Hra などは手前の方に植えていく。

水草を植える

8

水草を密集させたい場所には、直線に並ばないようにジグザグに植えていく。

水草を植える

9

成長した際に石と水草が馴染むように、石のまわりにも水草を植えていく。

水草を植える

10

水槽手前は、背の低い水草でグリーンの絨毯のようにするため、グロッソスティグマを植えていく。

水草を植える

11

バランスを見ながら、足りない場所に水草を足していく。

水草を植える

12

水草全体に光が当たるよう、間隔を取って植えていくのがポイント。

水草を植える

水槽台の中にはフィルターやCO2など、またそれらの電源類をまとめて格納している。

Point

大きな水槽には水槽台が必須

60cm水槽や90cm水槽といった大きめの水槽なら、専用の水槽台が必要となる。フィルターなどの機材を中に収納できるため、見た目もスッキリさせられる。

13

水草を植え終わったら、水槽内の水を循環させて水質が安定するのを待ってから、魚を入れていく。90cmといった大きな水槽の場合は、水質が安定するのにかかる時間も長くなり、水草を植えてから3週間〜1カ月ほど待ってから、何回かに分けて魚を入れていく。

Step3 4カ月後の水草の生長

水質管理やメンテナンスを欠かさずに水草を生長させていけば、4カ月でこれほど緑が生い茂る状態になる。水草を植え、生体を入れればレイアウトが完成というわけではなく、水草がしっかりと生長した状態で初めてレイアウトが完成となる。

PART 4

もっと楽しむ
アクアリウム

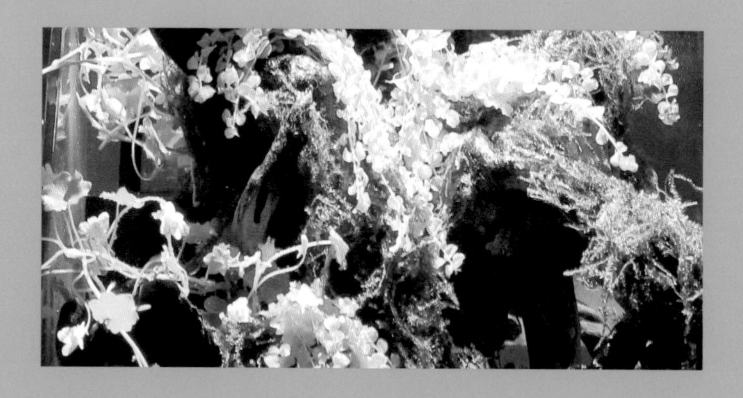

AQUARIUM

LAYOUT 10

水槽レイアウト全景

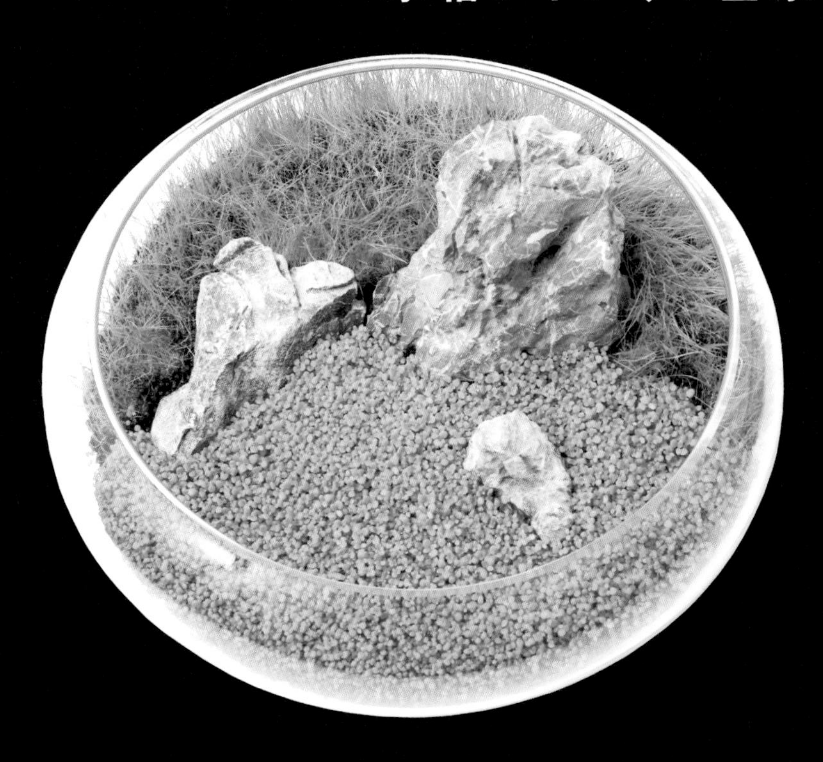

■水槽：直径30.0×高さ10.0cm ■水草：ヘアーグラス、キューバパールグラス ■底床：マスターソイルネクスト（JUN）

種蒔きから
楽しむ
水草栽培

種から栽培してみよう

種蒔きから始める新しい水草の楽しみ方

通常、水草を育てる際には、ショップから育っているものを購入して水槽内に植えるものだが、水草の種も販売されているので、種から栽培することにも挑戦してみよう。

種蒔きは簡単で、器にソイルを敷いたら、その上に振りかけるだけ。ポイントはまんべんなく振りかけることと、複数の種を蒔くなら、撒く範囲をしっかり分けること。撒いてから発芽するまでのワクワク感も魅力の楽しみ方だ。

使用ボトル

直径30cm、
高さ10cmのガラスの器

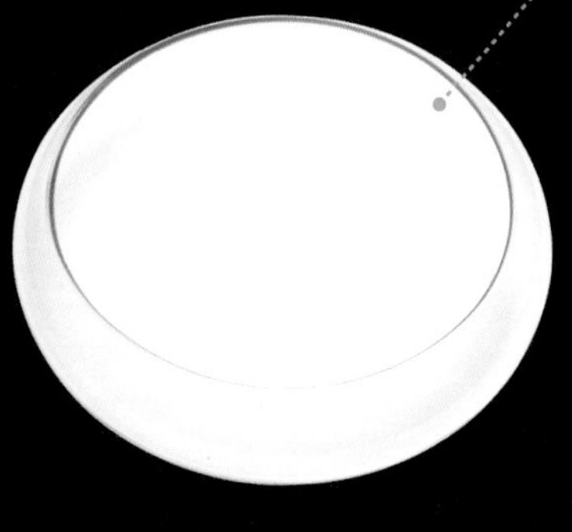

ソイルに種を蒔いていくため、口の大きな器であることが条件。また、背が低い方が種を撒きやすいのでおすすめだ。

Step1 レイアウトの土台作り

1 ソイルを準備する

水草に必要な栄養素を配合し水草飼育に特化した栄養系ソイルのマスターソイルネクストを使用。

2

ソイルを器に入れる。厚さは2～3cmが目安。入れ終わったら、ソイルを平らにならしておく。

3 石を配置する

バランスを考えながら石を配置していく。若干青みがかかったグレーで、白い筋が特徴的な龍王石を使用。

4

3つの龍王石をバランスよく配置したら、石を押し込んでソイルに埋めて固定する。

5 ソイルの表面を湿らす

ソイルの表面をひたひたになる程度まで霧吹きで湿らす。

Point

より自然な雰囲気を演出できる

水草の種は通常のアクアリウムにも応用でき、植えるよりも自然な雰囲気を演出できるのが魅力。その場合は、ある程度生長してから水槽に水を張ろう。

Step2 水草の種を蒔く

1

今回は２種類の種を蒔く。ひとつは芝生のようにまっすぐ伸びる爽やかなヘアーグラス。

水草の種を準備する

2

もうひとつは絨毯のように生い茂る小さな葉が特徴のキューバパールグラス。

水草の種を準備する

3

器に適量の水を入れる。ソイルを崩さないように、綿などを緩衝材として使用するといい。

器に水を入れる

4

水を入れ終わった状態。水を入れすぎると、この後撒く種が浮いてしまうので注意が必要だ。

器に水を入れた状態

5

まずは、ヘアーグラスの種をソイルの上に蒔いていく。スプーンなどを使うとやりやすい。

種を蒔く

6

奥側にまんべんなくヘアーグラスの種を蒔いた状態。次は残っている範囲にキューバパールグラスの種を蒔いていく。

種を撒いた範囲

7

種蒔きが完了

手前側にキューバパールグラスの種をまんべんなく蒔いた状態。これで種蒔きは終了。

8

ラップを巻く

あとは器にラップを巻いて、明るい場所に置いて生長を待つ。

9

2週間経った状態

種蒔きから2週間経った状態が下の写真。ソイルの表面は見えないほどに、ヘアーグラスとキューバパールグラスが育っている。どこにどの種を蒔くかでレイアウトが変わってくるので、生長後の姿を想像しながら種を蒔くのも楽しみのひとつだ。

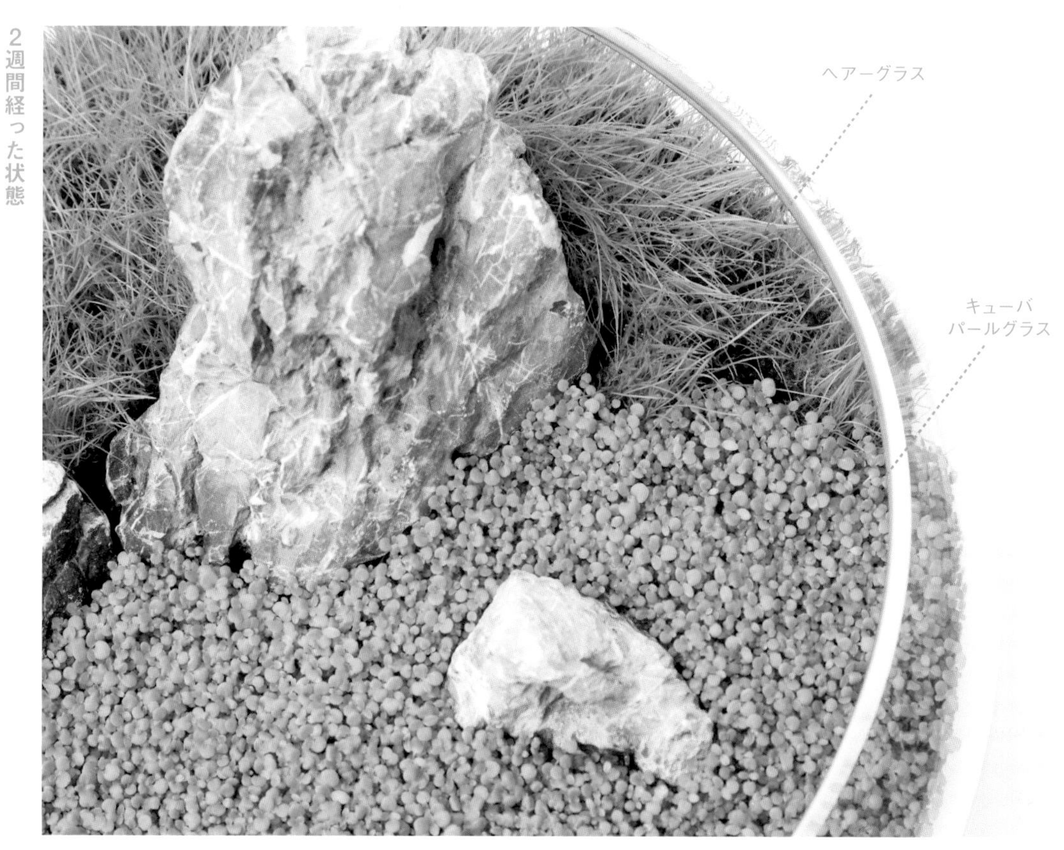

LAYOUT 11

水槽レイアウト全景

20cm
水槽

■水槽：幅20.0×奥行き20.0×高さ24.0cm　■水草：ウィローモス、ニューラージパールグラス、コルセウムアイビー　■水温：23°C　■pH：6　■底床：溶岩石、ファントムブラック（スドー）

苔によって
生まれる
小さな自然

アクアテラリウムをはじめよう

水上の水草にも水を行き渡らせるレイアウトにしよう

　ガラス容器の中で植物を育てるテラリウム。自然を容器の中に再現する楽しさで定番の人気を誇っているジャンルだ。ここでは水草を使って湿地帯を再現するアクアテラリウムを紹介。

　完全に水を張らないアクアテラリウムでは、フィルターの出水口とウィローモスによる毛細管現象をうまく利用して、水面上の水草にも水を行き渡らせるようにレイアウトするのがポイント。流木とウィローモスを使って、水槽内に苔むした小自然を再現してみよう。

使用機材

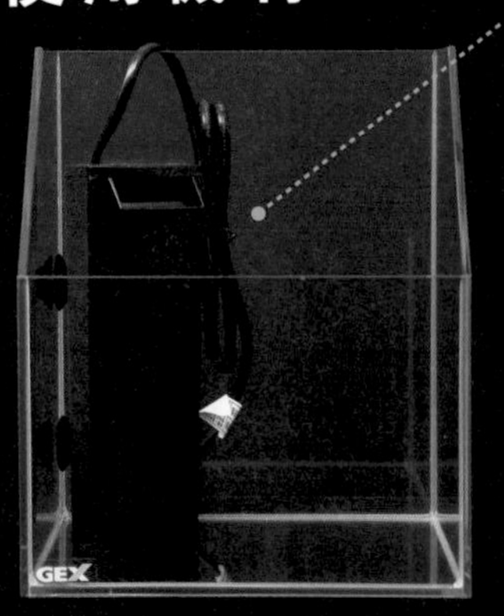

グラステリア アクアテラ 200 キューブ H セット（ジェックス）

アクアテラリウムを楽しむのに適した水槽。静音フィルターも付属しており、あとはライトを用意するだけでOK。

Step1 イメージを組み立てる

1 フィルターのセッティング

カートリッジフィルターの代わりにリングろ材を使用する。カートリッジよりも浄化能力が長持ちしてくれるのがメリットだ。

2 流木を準備する

水槽の形に合わせて、縦型に組み上げていくため、長めの流木を用意した。

3 流木の仮組み

ここから、流木のレイアウトを決めるために、仮組みをしていく。まずはフィルターを隠すために、その手前に流木を配置。下から上へ、奥から手前の順に流木を仮組みする。

4 流木の仮組み

最初の流木の上にのせるように流木を組んで高さを出す。

5 流木の仮組み

フィルターを隠すように、さらに流木を追加する。

6 流木の仮組み

手前側に流木を追加して、仮組みは完成。この後、流木どうしを接着していくため、この完成イメージと接着部分を確認しておく。

Step2 レイアウトの土台作り

1

流木どうしを接着

組み上げた流木どうしを輪ゴムなどで固定しつつ、接着剤で接着する。

2

流木パーツが完成

流木どうしを接着させた状態。すべてを接着させてしまうとメンテナンスしにくくなるため、ブロックに分けておくのがおすすめだ。

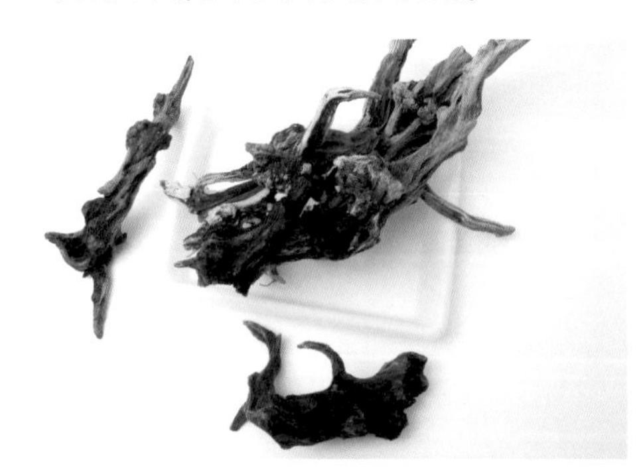

3

流木パーツを入れる

ブロックに分けた流木のパーツを、再度水槽に入れて、仮組み時の完成イメージを再現する。

4

石を準備する

フィルターの機能を邪魔しないように、粒の粗い溶岩石（Sサイズ）を用意する。

5

砂利を準備する

水槽の手前側に敷くための砂利（ファントムブラック）を用意する。

6

石を入れる

水槽の奥側には溶岩石を入れる。

7 砂利を入れる

水槽の手前側には砂利を入れる。レイアウトを崩さないよう、スプーンなどを使って丁寧に入れよう。

8 石と砂利の状態

フィルター付近の奥側に溶岩石、手前側に砂利を入れた状態。

9 水草を準備する

流木に活着させるためのウィローモスを用意する。

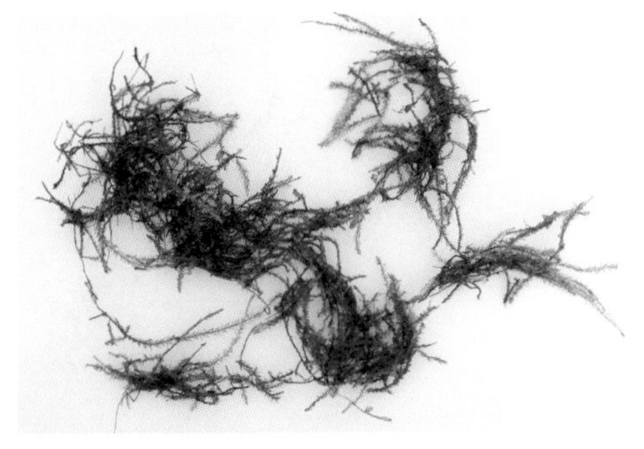

10 水草を準備する

ウィローモスの上にのせてアクセントを出すためのニューラージパールグラスを用意する。

11 植物を準備する

水草ではないが、仕上げに使用するコルセウムアイビー（ツタカラクサ）を用意する。

Point

LEDライトも準備しよう

アクアテラリウムは水草の生長に必要な光を当てるためのLEDライトも必要。また、LEDライトが当たることで、レイアウトの陰影が強調され雰囲気もUP。

Step3 流木と水草のレイアウト

1

水槽に水を入れてから、流木の表面にウィローモスをのせていく。その際、光が当たる側を意識しながらのせていくようにする。

2

途中のレイアウト

時折、流木の地肌を残しながら、表面一帯にウィローモスをのせ終えた状態。フィルターの出水口にウィローモスを伸ばし、毛細管現象を利用して全体に水を行き渡らせるようにするのがポイント。

3

ウィローモスの上にニューラージパールグラスをのせていく。

4

途中のレイアウト

ニューラージパールグラスをウィローモスにのせ終えた状態。

5

ウィローモスに差し込むように、コルセウムアイビーを植栽していく。

6

レイアウトが完成

コルセウムアイビーを仕上げのアクセントとして植栽し終えたらレイアウトは完成。

PART 5

アクアリウム
水草＆生体図鑑

AQUARIUM

AQUARIUM PLANTS

1

アナカリス

光量：★★☆　CO_2：★☆☆

透明感のある葉が美しい金魚藻の一種。浮かべたままでも生長する。養分をよく吸収するため、藻類への対策に利用できる。

2

アヌビアス コインリーフ

光量：★★☆　CO_2：★☆☆

コインのような丸葉がかわいらしい。やや大きくなるため、中景～後景のワンポイントになるようにレイアウトするのがオススメ。

3

アヌビアス ナナ ゴールデン

光量：★☆☆　CO_2：★☆☆

明るい黄緑の葉を展開し、華やかなためワンポイントにも最適。育成はかんたんだが、藻類が目立ちやすいので、そこは注意が必要だ。

4

アヌビアス ナナ

光量：★☆☆　CO_2：★☆☆

石や流木に活着する性質があり、レイアウトでは中景に使われる。小判型で密な葉も水槽内で映える。初心者にもオススメの種類。

5

アヌビアス バルテリー

光量：★☆☆　CO_2：★☆☆

大ぶりで形のよい葉を展開させる、アヌビアス種のひとつ。ほかのアヌビアス種と同じように、育成はかんたんだ。

6

アポノゲトン ウルバケウス

光量：★★☆　CO_2：★☆☆

大きく波打つ大葉は、透明感のある緑色。姿が特徴的で存在感があり、センタープランツに最適。光量と底床肥料が効果的。

7

アマゾンソード

光量：★★☆　CO_2：★☆☆

古くから親しまれており、変わらず支持を集めている水草。大きな葉を広げた姿は見ごたえがある。根を強く張り、植え替えを嫌う。

8

アマニア グラキリス

光量：★★☆　CO_2：★★☆

大型の赤系水草で、少ない本数でも見栄えがいい。水槽内に鮮やかな彩りを添えてくれる。弱酸性の水と強光で育てると、より赤く色づく。

9

アルテルナンテラ レインキー

光量：★★☆　CO_2：★☆☆

赤系の葉にウェーブがかかる、古くから親しまれている種。CO2がなくても育つ。生長は遅めで、色も鮮やかなので中景のワンポイントに。

10

ウィーピングモス

光量：★★☆　CO_2：★☆☆

垂れ下がる姿が典型的なコケ。石や流木に活着する。高低差をつけたレイアウトに効果的な景観を加えるので、オススメ。

11

ウィステリア

光量：★★☆　CO_2：★☆☆

深く切れ込んだ葉が特徴。ボリューム感があるため、少ない本数でも見ごたえがあり景観に変化を与えてくれる。育成はかんたんだ。

12

ウィローモス

光量：★☆☆　CO_2：★☆☆

低光量かつCO2なしで育てることができるため、アクアリウム初心者から上級者まで定番となっている水生コケ。

AQUARIUM PLANTS

13

ウォーター バコパ

光量：★★☆　CO_2：★☆☆

小さく丸みを帯びた葉がかわいらしい。葉は黄緑から、環境がいいと茶褐色に変化。まっすぐ伸びるのでまとめて植えると見ごたえがある。

14

ウォーターフェザー

光量：★☆☆　CO_2：★☆☆

深緑色の羽のような葉が美しいモス。活着力が弱いので、溶けない糸を使って巻きつけるようにしておくといい。

15

ウォーターマッシュルーム

光量：★★☆　CO_2：★★☆

ビオトープで使われることもある、かわいらしい姿をした有茎草。水中では小型化する。生長は遅く、藻類が付着しやすいので注意が必要だ。

16

エキノドルス アパート

光量：★★☆　CO_2：★☆☆

ホレマニーレッドとポルトアレグレンシスの交雑種。緑や赤の、幅の広い葉が特徴。横に広がりやすい性質を持つ。

17

エキノドルス ウルグアイエンシス

光量：★★☆　CO_2：★☆☆

透明感のある緑色で、葉脈が特徴的な細い葉が美しい。縦へ展開していくため、スペースをとらない。底床肥料が有効だ。

18

エキノドルス ウルグアイエンシス バリエガータ

光量：★★☆　CO_2：★☆☆

緑色の表面に赤味を帯びた斑が入る、美しく細長い葉を持つウルグアイエンシスの仲間。高水温に強く、通常種と同じように大型化する。

19

エキノドルス ガブリエリ

光量：★★☆　CO_2：★☆☆

葉が横へと広がる小型のエキノドルス。大型水槽には中景に表情を与えられる、レイアウト用としても使える。底床肥料が効果的。

20

エキノドルス テネルス

光量：★★☆　CO_2：★★☆

ほかの前景に向いた草と混ぜて植えることで自然な雰囲気の景観を演出することができる。光量が多いと葉が赤みを帯びてくる。

21

エキノドルス ビッグベア

光量：★★☆　CO_2：★☆☆

やや大型化する赤系のエキノドルス。水中化すると葉が楕円形に変化し、赤い彩りがワンポイントになる。根張りが強いので植え替えを嫌う。

22

エキノドルス プルプレア

光量：★★☆　CO_2：★☆☆

葉に特徴的な斑の模様が入る、丸葉系のエキノドルス。ワンポイントにも効果的。赤い新芽は生長すると緑色に変化する。育成はかんたんだ。

23

エキノドルス レッドフレーム

光量：★★☆　CO_2：★☆☆

斑が入った赤い葉を持つエキノ。育成が比較的かんたんな種類、大型化しやすいので、中景あたりでのレイアウトに向いている。

24

エキノドルス ローズ

光量：★★☆　CO_2：★☆☆

中心から伸びる新芽が、バラのように見える赤い葉を持ち、茎が横へと広がる。比較的大型化するが、育成はかんたんだ。

AQUARIUM PLANTS

25

エキノドルス オゼロットグリーン

光量：★★☆　CO_2：★☆☆

草丈は 40 ～ 50cm 程度で、大型化する。楕円形の葉に褐色の斑模様が入っており、存在感のある姿が特徴。育成には底床肥料が効果的だ。

26

エキノドルス スモールベア

光量：★★☆　CO_2：★☆☆

水槽内に彩りを添える赤い芽を出す比較的小型のエキノドルス。育成はかんたん。底床肥料を加えるなどすると、葉がより赤みを増してくる。

27

エキノドルス デビルズアイ

光量：★★☆　CO_2：★☆☆

卵型の葉を持つエキノドルスの仲間。葉脈の模様は、CO2 添加を行うと、よりはっきりと浮かび上がる。大型化し放射線状に葉を広げる。

28

カーナミン

光量：★★☆　CO_2：★☆☆

節からハート型の葉を 2 枚出し、直立して育つ。育成は比較的かんたんで、水上葉はミントのような香りがする。

29

カボンバ

光量：★☆☆　CO_2：★☆☆

松葉のような繊細な葉を持つ。別名「金魚藻」とも呼ばれ、丈夫で育てやすい水草。メダカや金魚、ボトルアクアリウムにもオススメ。

30

キューピー アマゾン

光量：★★☆　CO_2：★☆☆

小型で葉の形もかわいらしいエキノドルスの仲間。丈夫で育てやすい。ワンポイントとしてのレイアウト用にオススメ。

31

クリプトコリネ ウェンティ ミオヤ

光量：★★☆　CO_2：★☆☆

透明感のある、オリーブ色から褐色の色調の葉を持つ。環境がいいと大型化しやすく、葉丈が30cm以上に生長することもある。

32

クリプトコリネ ウンデュラータ レッド

光量：★★☆　CO_2：★☆☆

サイドが少しウェーヴしている葉が、赤〜茶褐色に染まる。一度根付くと大きく葉を広げる。丈夫で育成がかんたんなのが特徴。

33

クリプトコリネ ウェンティートロピカ

光量：★★☆　CO_2：★☆☆

葉幅が広く､凹凸とウェーブのある葉が特徴だ。また、表面には葉脈に沿って模様が入る。中景にレイアウトして独特の姿を楽しみたい。

34

クリプトコリネ ルテア

光量：★★☆　CO_2：★☆☆

草丈10〜25cmと、やや大きくなる。低phを嫌い、葉色は環境によって暗褐色〜緑色に変化する。レイアウトの隙間を埋めるには最適。

35

グレートモス

光量：★★☆　CO_2：★☆☆

カールする細い葉の形状と透き通るような緑の色が美しいモス。生長は早めで、浮かべたままでも育生する。水槽内で動きが演出できそうだ。

36

ココナッツドーム アヌビアス ナナ

光量：★☆☆　CO_2：★☆☆

ココナッツに丈夫な水草が活着しているため、底床がなくても置くだけでレイアウトできる。魚の隠れ家にもオススメ。

AQUARIUM PLANTS

37

スクリューバリスネリア

光量：★★☆　CO_2：★☆☆

らせん状にねじれる特徴的な葉を持つ、日本原産の水草。中景のワンポイントや後景にも適している。

38

タイガーロータスグリーン

光量：★★☆　CO_2：★★☆

緑色の葉に褐色の斑が入るニムファ。浮き葉を多く出すので景観に表情を加えることができ、花も楽しめる。底床肥料が有効。

39

タイガーロータスレッド

光量：★★☆　CO_2：★★☆

大型化するニムファの仲間で赤い葉が特徴的だ。後景で浮き葉を生かしたレイアウトができる。ソイルでの育成が向いている。

40

ツーテンプル

光量：★★☆　CO_2：★☆☆

大型で縦型の葉をつける、ハイグロフィラの仲間。葉の広がりがあるので、数株でもボリューム感を出すことができる。

41

ドワーフリシア

光量：★★☆　CO_2：★★☆

リシアよりも葉が細くて小さい。生長は通常種より遅いが、丸みを帯びたモコモコしたフォルムもよく、より密な芝生を演出できる。

42

ニードルリーフ ルドウィジア

光量：★★★　CO_2：★★★

その名の通り、針のような赤く細い葉が特徴。ソイルに植え、CO2 を添加し、高光量で育成するのがいい。

43

ハイグロフィラ ポリスペルマ

光量：★★☆　CO_2：★☆☆

野草のような姿が可憐な、水草の定番種。水質を安定させることにも役立つ。生長が早いので、中景から後景に使うと効果的。

44

ハイグロフィラ ロザエネルビス

光量：★★☆　CO_2：★☆☆

ピンクの葉と白い葉脈が彩りよく、レイアウトを華やかに見せてくれる。照明が強いと、色がより鮮やかになる。

45

ピグミーチェーンサジタリア

光量：★★☆　CO_2：★☆☆

CO2の添加がない環境でも育生できる種で、前景に向いている。ランナーを出して増殖する。肥料は十分に与えるほうがいい。

46

プレミアムモス

光量：★☆☆　CO_2：★★☆

透明感のある広めの固い葉を持つ。環境によって色の濃淡はやや変化する。生長は遅めだが扱いやすい。コケが付きやすいので注意が必要。

47

ベトナムゴマノハグサ

光量：★★☆　CO_2：★★☆

這うように生長し、まとまった茂みを作ることができる。肥料切れに弱いので、その点に注意が必要だ。前景〜中景に向いている。

48

ポゴステモン エレクタス

光量：★★☆　CO_2：★★☆

艶々した緑色の、針状の葉が輪生する水草。生長は緩やかで、育成には高光量とCO2添加が必要だ。中景に向いている。

AQUARIUM PLANTS

49

ポタモゲトン ガイー

光量：★★☆　CO_2：★★☆

緑から褐色に色づく、細長い線形の葉が互生している。繊細な見た目だが比較的丈夫で、育成もかんたん。サイドや後景に向いている。

50

マリモ

光量：★☆☆　CO_2：★☆☆

球状になる藻の仲間。生長は遅く、1年に10mmほど。高水温に弱いので水温管理に注意が必要だ。可憐な形を前景で楽しみたい。

51

ミクロソリウム ギガンティア

光量：★★☆　CO_2：★☆☆

とくに大型化しやすい種類のミクロソリウムで、後景に配置すると葉が茂った自然感が演出できる。葉の縁が鋭く突き出ているのが特徴。

52

ミクロソリウム ソードリーフ

光量：★☆☆　CO_2：★☆☆

その名の通り、鋭い剣のような幅の狭い、細長い葉が特徴だ。育成は通常種のミクロソリウムと同じようにかんたんだが、生長はやや遅め。

53

ミクロソリウム プテロプス

光量：★☆☆　CO_2：☆☆☆

低水温、低光量に耐え、幅広い水質に対応するので扱いやすい、ミクロソリウムの定番種。流木や石に活着する性質がある。

54

ミクロソリウム 流木付き

光量：★☆☆　CO_2：★☆☆

流木に活着済みで、置くだけでかんたんにレイアウトできる。葉が大きいので、中景、後景に向いている。

55

ヤマサキカズラ

光量：★★☆　CO_2：★★☆

水陸両用のツル性植物。水中葉は水上葉より小型化する。コケが付着しないよう、注意しておくことが必要だ。

56

ラージリーフハイグロ

光量：★☆☆　CO_2：★☆☆

広く大きい葉が美しいハイグロフィラの仲間。大型化するので後景に植えるのがオススメ。

57

ラガロシフォン マダガスカリエンシス

光量：★★☆　CO_2：★★☆

透明感のある緑の色合いと、棒状の葉が重なり合う、繊細な姿が美しい。生長は早く、トリミングにも強いため、レイアウトで使いやすい。

58

エキノドルス ルビン

光量：★★☆　CO_2：★☆☆

少しウェーヴがかかっていて、赤みがかった葉を持つ美種。育成はかんたんで、長期間植え替えていないと大型化する。

59

ルドウィジア スーパーレッド

光量：★★☆　CO_2：★★☆

葉が深い赤朱色に染まる水草。景観に色味を加えることができるうえ、生長が遅めで大型化しないためワンポイントに使いやすい。

60

侘び草 ラゲナンドラ MIX

光量：★★☆　CO_2：★☆☆

中心にラゲナンドラが入った侘び草。育成はかんたんで、置くだけでレイアウトすることができるので、初心者でも使いやすい。

AQUARIUM FISH

1

イエローチェリーシュリンプ
全長：約3cm

金色がかった、イエローの体色が目を惹く美しいエビ。水槽内で繁殖させることができるので、増えていく楽しみも味わえる。

2

エクエスペンシル
全長：約5cm

おちょぼぐちがかわいらしい温和な性質の魚。頭を上にしてじっとしている姿が面白い。銀色のボディも水槽内で美しい光を放つ。

3

エンペラーテトラ
全長：約3cm

三叉に分かれる尾ビレが特徴のテトラ。発情するとブルーの体色がさらに鮮やかになり、雄のクリアブルーの眼もとくによく発色する。

4

オールドファッションモザイクグッピー
全長：約6cm

ドレスのようなゴージャスな尾ひれに、モザイク状の柄が入ったグッピー。大きく美しいひれは交尾のための器官で、これを持つのがオス。

5

オジョロジョテトラ
全長：約4cm

6

オレンジチェリーシュリンプ
全長：約3cm

7

オレンジルリーシュリンプ

全長：約3cm

みかんのような色が可愛らしい、ルリーシュリンプの色彩変異種。オレンジと透明部分の色分けとコントラストが実に美しい。

8

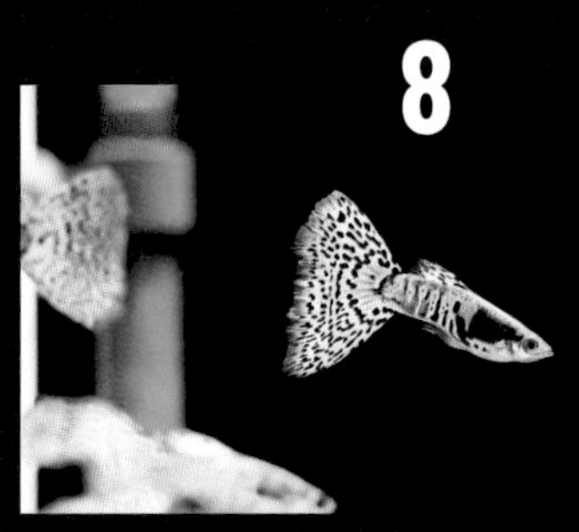

ギャラクシーブルーグラスリボンタイプ

全長：約5cm

メタリックなボディと、スポット模様が入る優雅な、ドレスのような尾びれが特徴。とくに美しいリボンタイプは鑑賞価値が高い希少種だ。

9

グリーンネオンテトラ

全長：約4cm

別名、ロングラインネオンテトラ。グリーンネオンは産地により体色が異なり、これは下腹部から尾びれにかけて赤味が現れるコロンビア産。

10

グローライトテトラ

全長：約3cm

ネオンテトラ同様に古くから愛されてきた人気の種。オレンジのラインが特徴で、きれいで丈夫、温和で飼育もかんたんというまさに入門種。

11

コームスケールレインボー

全長：約15cm

成熟すると体が真っ赤に染まる美しい魚。スプーンのような独特の体のフォルムと、ちょんととがった口元が特徴。

12

ゴールデンアカヒレ

全長：約4cm

淡いオレンジのかわいらしい体型。水槽内を活発に泳ぎ回る元気で丈夫な魚。しっかり成熟させることができれば、水槽内でも繁殖する。

AQUARIUM FISH

13

14

19

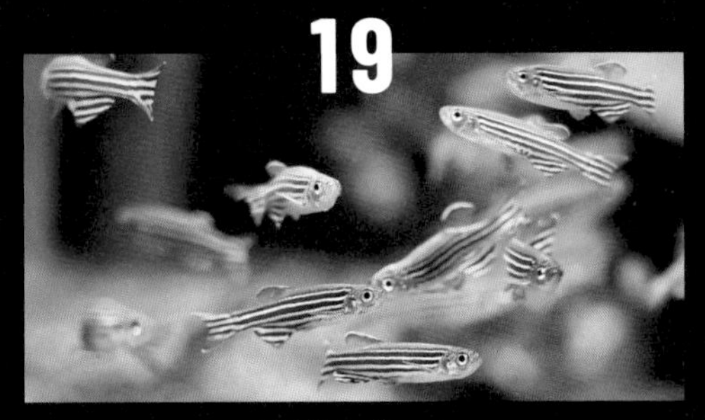

ゼブラダニオ

全長：約 4cm

おしゃれな横ストライプのボディが特徴。昔から親しまれ、長寿な人気を誇る魚。とても丈夫で育てやすいので入門編としてもオススメ。

20

チェッカーボードシクリッド

全長：約 7cm

白銀のボディに並ぶ黒いスクエア模様がチェッカーボードのように見える小型シクリッド。成熟すると尾びれの先端が長く伸びてくる。

21

チェリーバルブ

全長：約 4cm

真っ赤なボディの中央にラインが横切っているのが特徴の丈夫な小型魚。すんなりした体型で口元にひげをたくわえている。

22

チョコレートグラミー

全長：約 5cm

褐色のボディに白っぽい色のストライプが入り、シックなビジュアル。臆病で温和なため、活発な種との混泳は不向き。できれば単独で。

23

ドクターフィッシュ

全長：約 10cm

水中にヒトが手足を入れると、ついばんで角質を食べてくれるとして、一時、話題となった。掃除魚の一種で高水温に強い。

24

トラコカラックス

全長：約 10cm

キラリと光るシルバーの体色が美しいハチェット。その名の通り手斧 (hatchet) のようになった体型が特徴。群れで飼うと見栄えがする。

AQUARIUM FISH

25

ニューゴールデンネオンテトラ

全長：約 4cm

黄色みを帯びたゴールデンの体色に、ネオンブルーに輝く大きな瞳が特徴。ネオンテトラと同様に丈夫で、初心者にも飼育しやすい種だ。

26

ネオンテトラ

全長：約 3cm

熱帯魚の代名詞のような人気の定番。水槽内を群泳する姿はとても美しく、群れで飼いたい。丈夫で温和、混泳にも適している種だ。

27

ネオンドワーフレインボー

全長：約 6cm

ブルーからグリーンめいた、輝くボディを赤いひれが縁取る美しい種。飼育や繁殖もかんたんで、温和な種なので混泳にも適している。

28

ハーフオレンジレインボー

全長：約 8cm

体の後ろ半分がオレンジ色に染まる美しい魚で、レインボーフィッシュの代表格。水槽内に彩りを添える。なんでもよく食べ、丈夫な種。

29

バジス バジス

全長：約 5cm

別名、カメレオンフィッシュ。周囲の環境に合わせて体色を変える。小さな巻き貝を退治してくれる貝キラー。ほかに赤虫など生き餌を好む。

30

ハセマニア

全長：約 4cm

シルバーチップテトラとも呼ばれ、琥珀色に染まるボディと、各ヒレの先端の白いチップが美しい。飼育はかんたんで、温和なので混泳にも。

31

楊貴妃メダカ
全長：約 4cm

メダカブームの火付け役で、じっくり飼い込むと、赤みの強い体色になるメダカ。腹部の稜線と尾びれの上下端が赤いのが特徴。

32

ピンクダイヤモンドネオンテトラ
全長：約 3cm

光るボディに後ろ半分が赤く染まり、ブルーの眼が美しい。丈夫なネオンテトラの改良品種。おとなしいので様々な種の魚と混泳できる。

33

ファイヤーテトラ
全長：約 2.5cm

小さくて、とてもおとなしいテトラ。火のようなオレンジ色が特長。じっくり飼育していくと、赤い色味がどんどん鮮やかに美しくなる。

34

ブラック エンジェルフィッシュ
全長：約 12cm

古くから根強い人気を誇る、熱帯魚の代表選手。だが、真っ黒のクラシックタイプは昨今希少。飼い込むほどに黒さを増す美しい魚だ。

35

カージナルテトラ
全長：約 4cm

同属のネオンテトラに似ているが、腹部に赤いラインが入り、より派手な色彩を持つのが特徴。飼育がしやすく混泳にも向いている。

36

ブラックファントムテトラ
全長：約 4cm

メタリックな黒いボディに、シルバーと黒のワンポイントが入る、美しいテトラ。飼い込んで体高が出てくると、迫力が出てさらに楽しめる。

AQUARIUM FISH

37

ブラックモーリー

全長：約 5cm

全身黒ずくめなメダカの仲間。漆黒の形のよいボディが水槽に映える。ラン藻や油膜を食べてくれることも。飼育は容易だが感染症に注意。

38

プラティ（ミッキーマウスタイプ）

全長：約 5cm

丈夫で初心者にもオススメのメダカの仲間。これは尾の模様がミッキーマウスに似ているタイプ。雌雄揃っていれば繁殖も可能だ。

39

プリステラ

全長：約 4cm

骨まで透けて見えそうな、透明感あるボディが神秘的で美しい。ヒレの黒斑がひときわ目を引く。美しい上に丈夫で飼育しやすいのも魅力。

40

ブリリアントヘッドラミーノーズテトラ

全長：約 5cm

プラチナのような輝きを放つボディと、口先の深い紅色が美しい改良品種。温和で同サイズ程度なら混泳にも適し、丈夫で飼育しやすい。

41

フルレッドタキシード

全長：約 5cm

フルレッドの血を入れているのでレッドテールタキシードと違い、頭部まで赤く染まる。またタキシード柄はオスのみでメスには現れない。

42

ヤマトヌマエビ（WILD）

全長：約 5cm

糸状コケやアオミドロを中心に様々なコケを食べてくれるので、水草水槽がきれいに保たれる。淡水でも抱卵するが繁殖することはない。

43

ラスボラ エスペイ

全長：約 3.5cm

オレンジに輝く体色がとても美しいコイの仲間。群泳させるととくに美しい眺めとなる。色彩を発揮させるには弱酸性の軟水での飼育を。

44

ラミーノーズテトラ

全長：約 4cm

「酔っぱらいの鼻」という名前の通り、鼻先がほんのり赤くなっているのがかわいらしい。丈夫で飼育しやすいので初心者にもオススメ。

45

ランシーロンシュリンプ

全長：約 3cm

サファイアのような真っ青な体色が特長で、泳ぐ宝石のような美しいエビ。チェリーシュリンプ系なので水槽内で繁殖させることができる。

46

ブラックルリーシュリンプ

全長：約 3cm

青と黒の縞模様が特徴的なレッドチェリーシュリンプの改良種。丈夫な生体で初心者でも飼育しやすい。水質は弱酸性に保つのがポイント。

47

レッドチェリーシュリンプ

全長：約 2.5cm

彩かな真紅の体色が美しいエビ。オスとメスを入れておくと繁殖してくれるので、それも楽しめる。数が揃えばコケ取りとしても期待できる。

48

レッドビーシュリンプ

全長：約 2.5cm

日本で作出された種で、紅白の縞模様がかわいらしい人気のエビ。水質の変化に敏感な種なので、水合わせはしっかりすることがポイント。

AQUARIUM FISH

49

レッドファントムテトラ ルブラ

全長：約4cm

真紅に染まるレッドファントムの中で、最も紅い「ルブラ」。コロンビア産のワイルドな種で、飼育しやすく丈夫で初心者にもオススメ。

50

関東シマドジョウ

全長：約8cm

関東地方の河川や水路、溜池などに生息する、シマシマがきれいな淡水魚。水槽内の藻を食べることもある掃除魚で、飼育しやすい。

51

紅白ソードテール

全長：約8cm

ソードテールの改良品種のひとつ。赤と白のコントラストが非常に美しい魚。おめでたい紅白の体色なので、アジア地域でとくに人気がある。

52

黒ビーシュリンプ

全長：約2.5cm

黒と白のシックでシャープな体色が美しい、ビーシュリンプのハイクラス種。レッドビーシュリンプの戻し交配用としてオススメ。

53

超幹之めだか

全長：約4cm

背中やヒレが光るタイプのメダカ。体型は普通種型。青く輝く背中のラインが口先にまで伸びたものを、フルボディタイプと呼んでいる。

Point

同じ水槽内で 複数種の魚を飼育する

いくつかの種類を同じ水槽で飼育する場合、相性をしっかり考える必要がある。温厚な性格であまり体長の違いがない魚どうしであれば、混泳させることも難しくない。ネオンテトラやカージナルテトラといったカラシン科の魚はその代表格。

PART 6

アクアリウムの
コツとポイント

AQUARIUM

POINT 1

水槽内の環境の変化を見逃さない

日々の観察とエサやり

魚や水草の老廃物で汚れる水は水質を観察し水換え時期を把握

日々の餌やりで水槽の水は汚れてくる。生体や水草が摂取した栄養は、消化吸収後に不要分が排泄される。それをバクテリアが分解するが、しきれない部分が徐々に蓄積される。そこで水換えの作業が必要になるが、そのタイミングは、月に2～3回、3分の1ずつ水を交換することが目安。仮に60cmの水槽として、飼育数によっても水換えのサイクルは違ってくる。アクアリウム用水質試験紙で硝酸塩などを計測するなどして水質をチェックしよう。

1 水草と魚、機材の状態をチェック

フィルターまわりの機材は要チェック

水草水槽では、枯葉がフィルターの給水口につきやすいので、これらのゴミはこまめに取り除こう。生体はエサをちゃんと食べているか、元気に泳いでいるかをチェックしよう。

また、水槽内で不具合があってはならないのがフィルターだ。そのためにもモーターやポンプの不調の前触れは見逃せない。いつもと違う音がしたり、パワー低下などの変化を見逃さないためにも、こまめに音をチェックし、水が濁りはじめていないかなどを観察するようにしよう。

これらに迅速に気づいて対応することが重要だ。

水槽の水換えを怠ってそのままにしておくと、魚や水草の老廃物が蓄積してくる。すると水に悪影響をおよぼす亜硝酸の濃度が高くなったり、水槽内や水草にコケが着いたりする。こうなると生体や水草にとって生きづらい環境になってしまうのだ。

2 水温をチェック

水温管理の必需品 水温計を設置しよう

水温の変化を敏感に感じ取り、すぐに影響を受けてしまう。生体はそんなデリケートな生き物だと心得ておこう。急激な水温の変化に対応できず、体調を崩してしまうこともある。そんな繊細な生体の健康を維持するため、水温の管理は極めて重要だ。水温管理のためには冷却ファンやヒーターも必要だが、水温の把握には水温計が欠かせない。設置してこまめに水温のチェックを！

1年を通して水温を一定に

水温が下がりやすい冬場などは、ヒーターを使用して水温が下がらないようにしよう。

水温が上がりやすい夏場などは、冷却ファンを使用して水温が上がらないようにしよう。

3 魚に合ったエサを与える

魚の口の形や大きさを考慮してエサを選ぼう

生体の健康維持のためには、エサの選び方も重要になってくる。エサの種類と特徴を知っておこう。生体でも種類によって、口の形や大きさ、広さ、口の構造などがそれぞれで異なる。その生体に合ったエサを選んで、与えることが重要なポイントになってくる。

エサの種類は大きく分けて3種類。生きた赤虫などの活きエサ、フレークフードなどの人工飼料、冷凍赤虫や冷凍ハンバーグなどの冷凍飼料だ。人工飼料や冷凍飼料はそれなりに研究されて作られているので試してみよう。

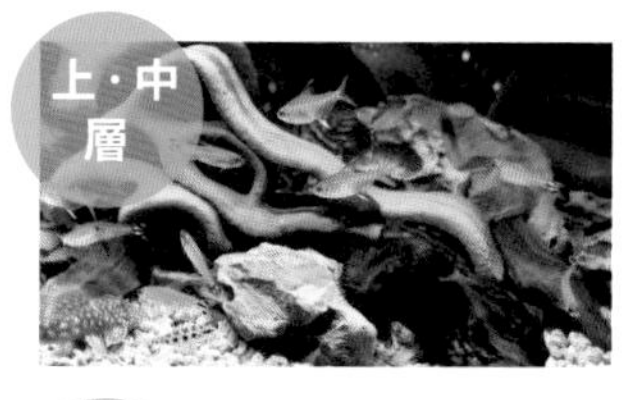

上層を泳ぐ魚には水面に浮かぶタイプのエサを。中層魚には顆粒フードが適している。

ナマズのような低層タイプの魚には、タブレットフードやチップスフードが最適だ。

便利な人工飼料

赤虫などを特殊製法でドライフード化。活きエサから人工飼料への切り替えにも。

ペレット・タブレット状の餌。浮遊性や沈下性のものがあり幅広いタイプの魚に向く。

POINT 2

定期的なメンテナンス❶

水草をトリミングする

定期的なトリミングで水槽内の水草をいつまでも美しく

水草は放置していると、どんどん伸びてレイアウトが崩れてしまう。また、光が当たらない水草も出てきてしまうため、定期的にトリミングすることが重要なメンテナンスとなる。ここではトリミングの方法をおさえておこう。

用意するもの

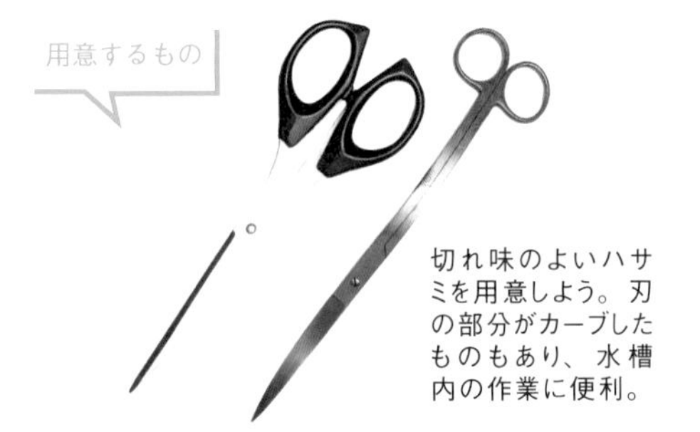

切れ味のよいハサミを用意しよう。刃の部分がカーブしたものもあり、水槽内の作業に便利。

1 後景草は長さを調整

後景草として植えている有茎草は、茎の部分をカットして長さを調整する。

2 流木の水草をカット

流木に活着させているモスや水草も余分なものはカットする。

3 前景草もさっぱりと

前景草として植えているロゼットの水草は、中心が新芽なので、外側の古い葉をカットするようにする。

Point

トリミングで水草をコントロール

レイアウトした頃に比べて、水草は長さだけでなくボリューム感も増してくる。自分の好みの状態にキープするためには定期的なトリミングが必要だ。人間が髪を切るように、水草もトリミングで美しさを取り戻してくれる。

4 ホースで水草を吸い取る

トリミングした後の水槽内には、カットした葉が浮遊している。ネットで取り除けないものは、ホースを使って吸い出す。

5 トリミング終了

カットした葉がホースで吸い出された状態。この作業と水換えをセットにして行えば効率もよい。

レイアウト仕立ての状態に比べて、水草がかなり伸び、ボリューム感も出ている状態。

トリミング後は、余計な水草がなくなり、すっきりとした状態になった。

POINT 3

定期的なメンテナンス❷
水槽の掃除と水換え

掃除と水換えはアクアリウムの基本
定期的に行う習慣をつけよう

水槽内にコケが大量発生してしまうことは、水質が不安定な水槽初期設置時におこりやすい。特に底床にソイルを使用していると、ソイルには養分があるため、その傾向が強い。そんな場合には、掃除と水換えで対処しよう。

メラミンスポンジやスクレーパーは水槽のガラス面に、歯ブラシは細かい機材に便利。

1 まずは機材の掃除

水槽に設置しているフィルターやヒーターなどの機材もずいぶん汚れている。

2 ホースパイプを拭く

コケが付いたホースパイプは見た目も悪い。メラミンスポンジなどできれいに汚れを拭き取る。

3 専用フキンで拭き取る

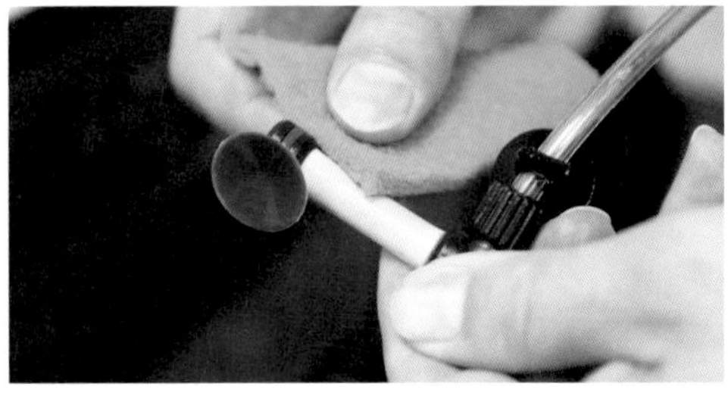
機材に付いた汚れを専用のフキンなどでしっかり汚れを落とす。

Point

細かい部分の掃除は生体にまかせる

水槽の壁面や機材など、丁寧に汚れを落としていくが、どうしても細かい部分までは掃除できないこともある。そのためにも、コケを食べてくれる、ヤマトヌマエビやオトシンクルスといったメンテナンスフィッシュに活躍してもらおう。

4 細かい部分は歯ブラシで

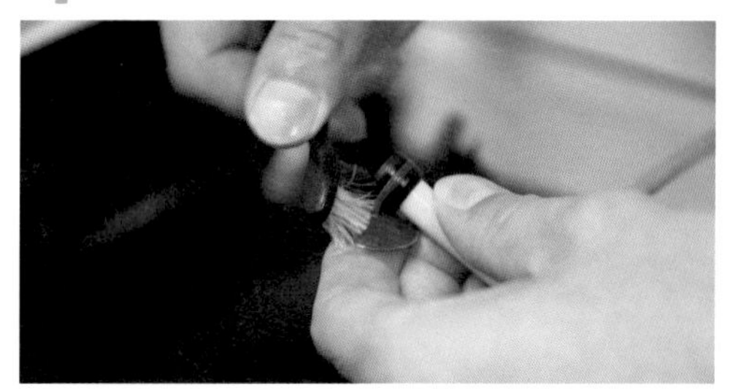

細かい部分は歯ブラシを使って汚れを落としていく。

5 ホース内もきれいに

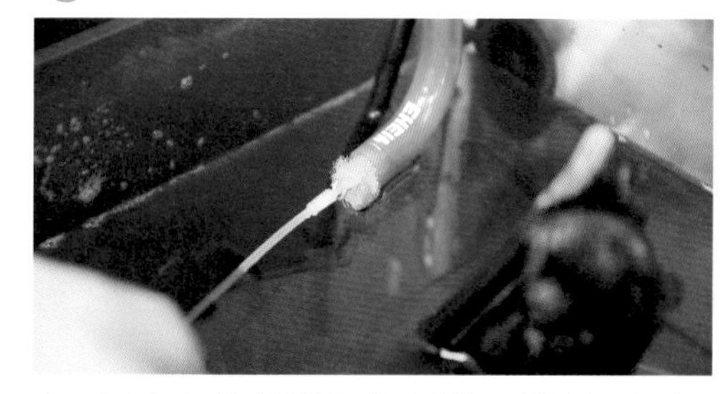

ホース内のヌメリも専用のブラシを使って落としていく。

6 水槽の壁面を拭く

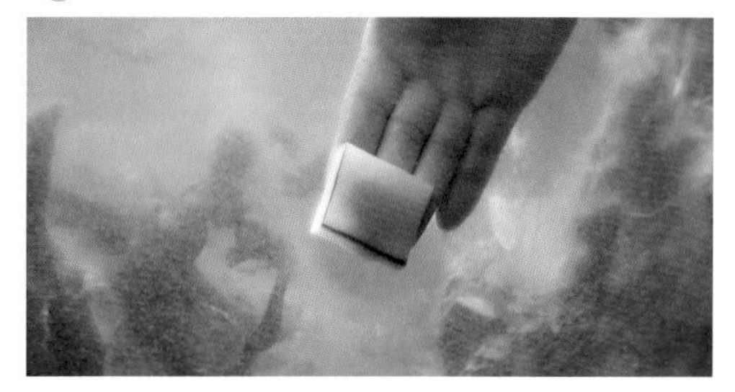

水槽の壁面に付いたコケをメラミンスポンジで拭き取る。

7 頑固な汚れはスクレーパーで

メラミンスポンジでも落ちない汚れは、スクレーパーを使って落とす。

8 底床付近も丁寧に

水槽の壁面は底床のあたりも汚れが付いているので、丁寧に落としていく。

Point

定期的な掃除を習慣にしよう

掃除は放置すればするほど、大変な作業になる。また、一気に掃除をすると、水槽の急激な環境変化によって生体にもよくない。1週間に1度といったように、定期的な掃除の習慣は、きれいな見た目をキープできるだけでなく、生体の負担も減る。

水槽の掃除と水換え

9 掃除が終わった状態

機材に付いた汚れや、水槽の壁面にこびりついたコケを落とした状態。

10 水を吸い出す

掃除が終わったら、水槽内の汚れた水を吸い出し、水換えを行う。

11 汚れた水の状態

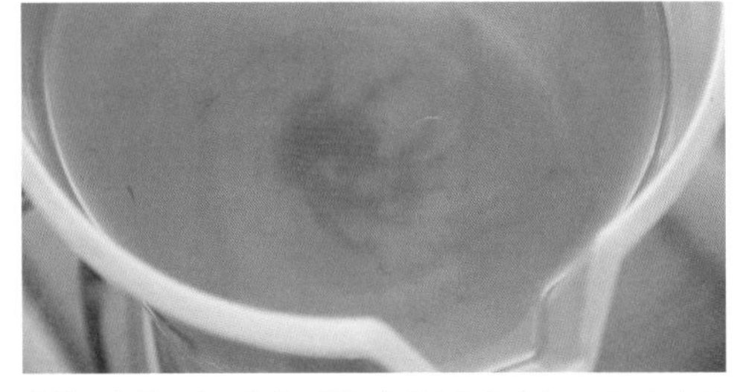

水槽から吸い出した水は汚れを落とした水なので、かなり緑色に変色している。

12 水換えは半分まで

水換えは急激な水質変化をさせないため、一度に全部は行わず、3分の1から半分程度にとどめる。

13 水を入れる

フィルターを通して、新しい水を水槽内に入れる。

Point

新しい水も中和して 水温も合わせる

水換えで新しく水槽に入れる水は、塩素中和剤などを使ってカルキ抜きをしておく。また、水温も合わせておくことも忘れないようにしよう。基本的に水換えは一気にやるのではなく、こまめに少量ずつ行うことで生物へのストレスを減らせる。

14 水の入れ換えが終了

水の入れ換えが終了し、濁っていた水がだいぶクリアになった。

15 トリミングも行う

不要な水草もこのタイミングでトリミングをする。

16 枯れた水草はすくう

枯れた水草やトリミングで落とした葉はネットなどですくう。

17 液体肥料は入れない

メンテナンス後には液体肥料を入れたくなるが、コケが大量発生している場合には、逆効果になるので、入れるなら水質が安定してからにする。

「カミハタ トロピカ 水草用液体栄養剤」は健康的な水草の生長と色彩をサポート。また、成分に窒素やリンが含まれないため、藻やコケの発生リスクも低減してくれる。

Point

水換えのタイミングで追肥しておく

水換えを行うと、それまで含まれていた栄養分も捨ててしまうことになる。なので、水を換えた後は追肥するのがおすすめ。ただ、肥料を与えすぎると、藻やコケの発生リスクも高まるため、注意が必要だ。その際はコケが発生しにくい肥料を選びたい。

水槽の掃除と水換え

掃除によってきれいさを取り戻した水槽。あくまで掃除の方法とその効果を見てもらうために、ここまで水槽を汚して行ったが、理想はこうなってしまう前に、定期的な掃除と水換えで水槽内のきれいな環境をキープしよう。

POINT 4

定期的なメンテナンス③

水槽の掃除屋たち

メンテナンスフィッシュが掃除の負担を減らしてくれる

　水槽内をきれいに保つために、掃除は欠かせないが、積極的に掃除をしてくれる生体を入れるのもおすすめだ。メンテナンスフィッシュと呼ばれ、コケやフンなどを食べてくれるため、掃除の回数を減らすことに貢献してくれる。

エビ類

エビ類はよくコケを食べてくれるコケ取り生体。ヤマトヌマエビやミナミヌマエビが代表的な存在。

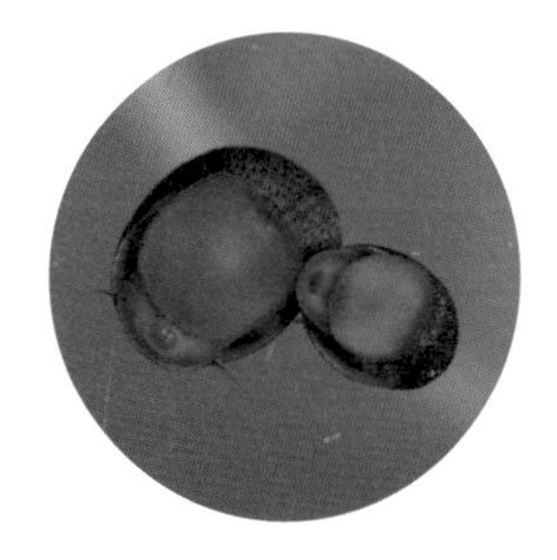

貝類

コケ食いの貝類は、水槽のガラス面や機材の表面にくっついてコケを食べてくれる心強い掃除屋だ。

オトシンクルス

水草の葉につきやすい茶ゴケを食べてくれる。水草水槽には欠かせないメンテナンスフィッシュだ。

サイアミーズフライングフォックス

エビ類と同じく、糸状のコケを食べるが、エビ類が頑固な糸状のコケを食べるのに対して、こちらは柔らかいものを食べる。

POINT 5

アクアリウムをもっと快適に

あると便利なグッズ

魚や水草、水槽の世話がぐっと楽になる便利アイテム

アクアリウムは水の管理が最大のポイント。水は生き物のように日々変化する。魚や水草が健康でいられるよう、水を正常にキープしよう。便利グッズを揃えておけば、日々の管理が楽になるはずだ。

カルキ抜き

水道水に含まれる魚や水草に有害なカルキや白濁の原因物質を除去。この製品はビタミンＢも含んでいる。

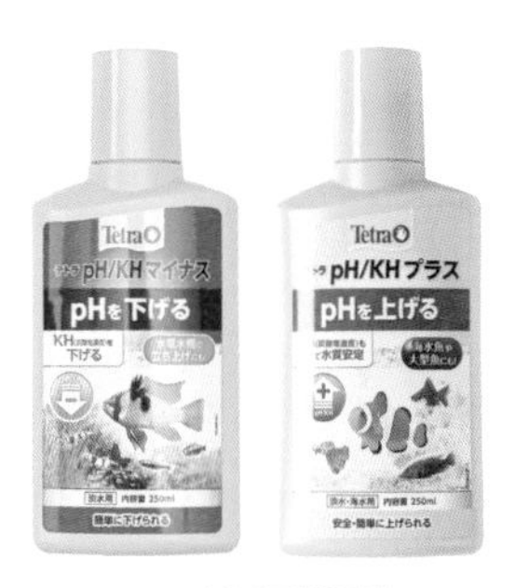

pH 調整剤

水質を安全に調整してくれる。pH をプラス（アルカリ）にするもの、マイナス（酸性）にするもの、中性に保つものなどがある。

冷却ファン

夏場の水温上昇対策に便利な冷却ファン。気化熱を利用するため、こまめなたし水が必要になることも注意しておこう。

デジタルタイマー

照明をタイマーで自動的にオンオフできる。時間設定は１分単位ででき、毎日・特定曜日だけなど 14 プログラムまで設定可。

スタンドライト

太陽光に近い光を放つ、植物育成用の LED ライト。３段階の明るさに調光でき、光の方向も調節可能。小型水槽にも便利。

自動給餌器

仕事が忙しく毎日の定時の餌やりが難しいときは、これを水槽内の水流で、餌がまんべんなく行き渡る位置に設置しておこう

デジタル水温計

水温の変化に敏感な生体などは、ちょっとした水温の変化で体調が崩れることも。この水温計を設置して常に水温を管理しよう。

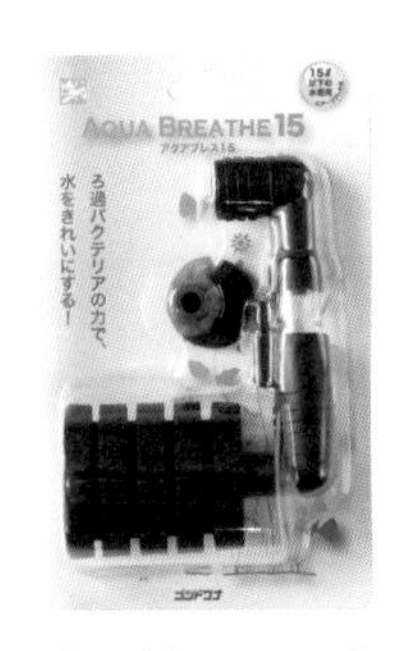

スポンジフィルター

エアーポンプに取り付けるもの。エアレーションとセットで使うと、スポンジ内で繁殖されたバクテリアが生物ろ過を行う。

バクテリア剤

水槽に有益な細菌を多量に含む。水槽立ち上げ初期の水質を安定させたり、同じく立ち上げ初期のアンモニア濃度を下げられる。

砂利クリーナー

水がきれいに見えても、砂利の中はフンや残餌で汚れている。水換えと一緒に面倒な砂利洗いが簡単にできるクリーナー。

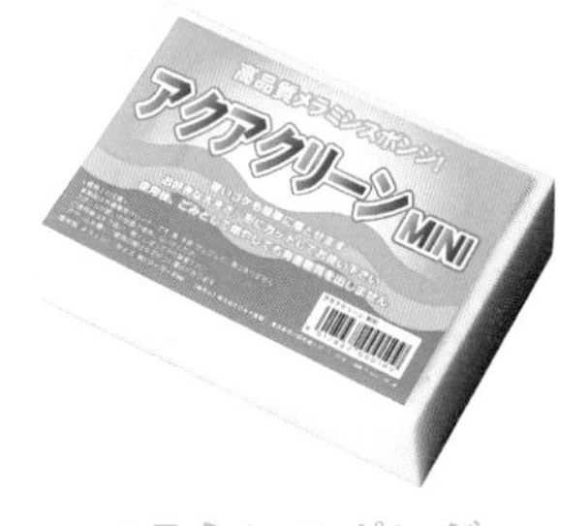

メラミンスポンジ

水槽の内部に付着した水垢やぬめりをきれいに拭き取ってくれるアイテム。アクア専用なので安心して水の中で使える仕様だ。

POINT 6

ビギナーが気になる疑問を解決

アクアリウムQ&A

Q 魚が病気になったらどうしたらいい？

A 熱帯魚の病気には白点病、水カビ、尾ぐされ病、エロモナス症状などの代表的なものがあり、どれも薬剤投与することで改善する可能性が高い。ただ、日頃の水質管理で未然に防ぎたいところだ。

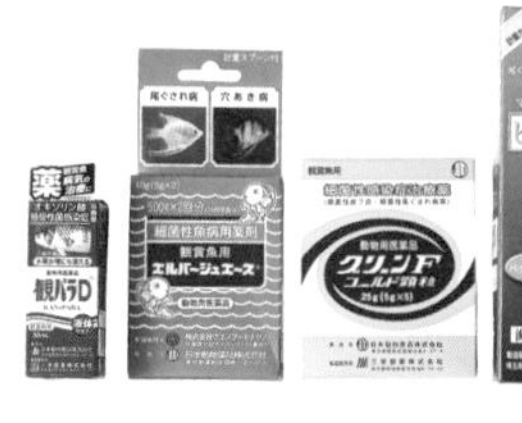

Q 水換えはどのくらいの周期でやるもの？

A 水換えは週に一度、少量ずつを基本に行いたい。水換えは多少なりとも生体へのストレスとなるため、定期的な周期を守ることで、生体の方もそれに順応しやすいというメリットもある。

Q 水質のpHの数値は気にしないといけない？

A 水質におけるpHは、生体がそもそもどこに生息していたかによって適切な状態が決まってくる。健康に飼育するためにも適切なpH数値を調べ、pH調整剤を使って水質をコントロールしよう。

Q 月々の維持費ってどのくらいかかるの？

A 維持費の内訳は電気代、水道代、餌代の3つ。水槽のサイズによっても異なるが、一般的な60cm水槽の場合、月々の目安は1000円～3000円程度。趣味としては割安な方ではないだろうか。

Q エサはどのくらいの量をあげればいい？

A エサの目安は1日に2回程度が目安。ただ、与えすぎは水質を悪化させる原因にもなってしまうので注意が必要だ。また、エサを与えることで生体の体調も同時にチェックできるので、よく観察しながら行おう。

Q CO2を水槽に入れて魚は酸欠にならない？

A 水草の光合成のために必要な二酸化炭素だが、水草はそれによって酸素を吐き出すため、魚が酸欠になることはない。ただ、夜間は光合成を行わないため、CO2の電源は切っておいた方がいい。

Q 底床に砂利を使っても水草は育ってくれる?

A 基本的に細かい石などでできている砂利に栄養は含まれない。ただ、栄養をそこまで必要としない水草などであれば、砂利でも問題なく使用できる。その場合は水に溶かす肥料を与えるようにすればOK。

Q 拾ってきた流木や石をレイアウトに使いたい!

A 自然に落ちている石や流木は、水槽に入れると水質悪化を招きやすいため、使用しないほうがいいだろう。ショップで売られているものは、基本的にそのあたりを考慮されているので、安心して使用できる。

Q 旅行で家を空ける時はどうしたらいい?

A 健康な生体であれば、2～3日エサを与えなくても特に問題はない。むしろ、多めに与えて出かけてしまう方が水質悪化を起こしてしまいかねない。また、活性が下がるので、照明も切っておきたい。

Q 魚の寿命ってどれくらい?

A 大型の熱帯魚ならば10年以上生きるものもいるけれど、小型のカラシン類などは3～5年程度が寿命。ちなみに水草には寿命はなく、環境さえ問題なければ、ずっと楽しむことができる。

Q 水槽が立ち上がるってどういう意味?

A 水草をレイアウトし、フィルターなどの機材を動かすことで水を巡回させて、水質を安定させること。その頃にはバクテリアも順調に増え、きれいな水質となり、生体を入れても問題ない環境となっている。

Q ひとつの水槽で飼える魚の数の目安は?

A 水槽の大きさによって飼育数の限界が決まる。目安は1ℓで小型魚の生体1匹。ただ、大きな水槽ほど水質が安定しやすいため、その分多く飼育することが可能となる。生体を増やす場合は徐々にが基本。

協力ショップ&メーカー紹介

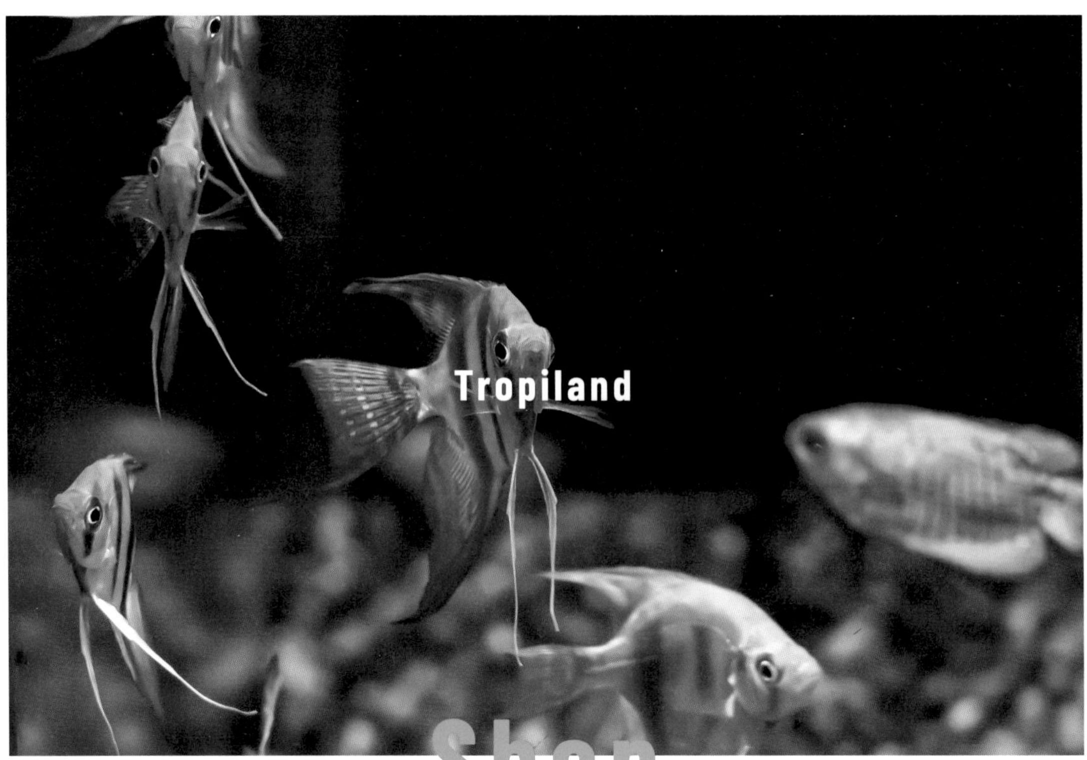

Shop